狄兆全 ◎ 主编

NIUBING
LINCHUANG
ZHENLIAO

牛病临床诊疗

中国农业出版社
北 京

主 编 简 介

狄兆全　江苏苏州人，1946年4月生，1967年7月毕业于南京农学院（现南京农业大学），曾任贵阳动植物检疫局高级兽医师和对俄罗斯出口注册检疫官、贵州出入境检验检疫局实验室主任，于贵阳海关退休。

先后在贵州省余庆县太平区兽医站、贵州省畜牧兽医科学研究所、贵阳动物检疫所、贵阳动植物检疫局、贵州出入境检验检疫局、贵州黄牛产业集团科技服务有限公司等单位长期从事兽医临床诊疗、科研，以及动物、动物产品的检验检疫工作。曾荣获贵州省科技战线先进工作者、贵州省口岸先进工作者称号。在中国共产党成立100周年之际，荣获贵阳海关优秀共产党员、贵州省直机关优秀共产党员和贵州省优秀共产党员称号。编写《养猪实用技术》《羊常见病临床诊疗》《牛羊病临床诊疗》《牛病临床诊疗》等著作，公开发表学术文章52篇，获得贵州省科学大会成果奖1项、贵州省科学技术进步奖4项、贵州省优秀科技论文奖2项。

编 者 名 单

主　　编　狄兆全

副 主 编　杨　力　张　勇　陈光燕

参编人员　陈春梅　张　刚　李成锦　李凤成　宋　迅
　　　　　郭　勇　邱淦远　王　妮　陈允美　刘苏虎
　　　　　薛光彦　卯申健　罗伟伟　董灵林　杨祖典
　　　　　杨发光　张　诚　冉　涛

顾　　问　黄大杰　李跃民　韩　松

　　随着改革开放的不断深入，我国已经进入世界养殖业生产大国前列。养殖业的迅猛发展不仅为我国人民提供了日益丰富的畜产品，而且使很多人走上了致富的道路。

　　牛是草食动物，适于放牧或圈养，具有产出快、效益高、适应性强、易饲养等特点。牛的生活习性使其能大量利用牧草、秸秆等青绿饲料和粗饲料，并转化为人们所需的肉、奶、皮等产品。

　　近年来，贵州省牛产业围绕"三年打基础、五年育品牌、十年磨一剑"的总要求，锚定千亿级综合产值和把贵州黄牛打造成"中国和牛"的总目标，产业规模不断扩大，产业链条不断延伸，标准化水平不断提高，集聚能力不断增强，品牌影响力不断提升，联农带农助推增收成效显著，进一步助力黔牛出山，成为助推乡村振兴的重要选择。但随着牛饲养规模的不断扩大和市场流通的日益频繁，管理水平和疫病防控技术已跟不上养牛业发展的需要，尤其是某些疾病的侵袭会对养牛产业造成极大的损害。这直接制约着养牛产业的发展，降低了养牛业的经济效益，使养牛业的发展出现瓶颈。

　　为满足广大养牛管理人员和基层兽医技术人员的需求，现编写《牛病临床诊疗》一书以飨读者。本书以贵州、山东、北京、江苏、云南、重庆、内蒙古等地的兽医临床诊疗资料为基础，重点介绍了61种牛的常见传染病、寄生虫病和普通病，并增加了牛病临床用药基本原则、常用药物、肉牛防疫、牛场参考免疫程序、牛场消毒、肉牛驱虫和兽医外科手术基本知识7个附录，是一本理论性和实用性兼顾的读物。书中附有大量的临床照片，很多都是国内首次发表，弥足珍贵，为本书的文字内容提供了翔实的临床诊疗影像。全书图文并茂，内容重点突出，文字通俗易懂，技术可操作性强，可为广大读者提供参考。

　　在本书的编写过程中，我们参考了大量的相关文献，征询了多位专家的意见，也得到了很多基层兽医技术人员的帮助，特别是得到了贵州黄牛产业集团有限责任公司、贵州黄牛产业集团科技服务有限公司的大力支持，在此表示由衷的谢意。

　　由于水平所限，书中难免存在疏漏和不足，恳请广大读者斧正。

狄兆全

2023年8月

CONTENTS | 目　　录 |

前言

一、口蹄疫

口蹄疫俗名"口疮""蹄癀"，是偶蹄兽的一种急性、热性、高度接触性传染病。其临床特征是在口腔黏膜、蹄部及乳房皮肤发生水疱和溃烂。本病流行地域广，传染快，易感动物多，病毒血清型多且容易发生变异，危害严重。因此，世界动物卫生组织将本病列为必须报告的A类动物疫病之首。我国把本病列为一类动物疫病。

【病原】

口蹄疫病毒属于细小核糖核酸病毒群中的鼻病毒属，在病牛水疱皮和水疱液中含毒量最多。病毒具有多型性和易变性的特点。根据病毒的血清型特性，目前已知全世界有A型、O型、C型、南非1型、南非2型、南非3型和亚洲Ⅰ型7个主型。每一主型又分若干亚型，通过补体结合试验，目前发现的亚型有100多个。各主型之间抗原性不同，彼此间不能相互免疫，但各型在发病症状方面的表现却没有什么不同。同型的各亚型之间交叉免疫程度变化较大，亚型内各毒株之间也有明显的抗原差异。因此，在接种口蹄疫疫苗时，需用与当时当地流行病毒同一血清型的疫苗。

口蹄疫病毒在病牛的水疱皮和水疱液中含毒量最多。在发热期，血液内的病毒含量最高；退热后，在口涎、泪液、粪尿、乳汁中都含有一定量的病毒。

口蹄疫病毒对外界环境的抵抗力很强。在自然条件下，含毒组织和污染的饲草、饲料、土壤中的病毒可保持传染性数周至数月，尤其在低温（如冻肉）时能长期存活，但高温和阳光直射（紫外线）对病毒有杀灭作用。酸和碱对口蹄疫病毒的作用很强。所以，2%～4%氢氧化钠（烧碱）溶液、0.2%～0.5%过氧乙酸溶液、30%热草木灰水、10%石灰乳等对口蹄疫病毒均有良好的消毒作用。

【流行病学】

口蹄疫病毒能侵害30多种动物，偶蹄兽易感。其中，黄牛和奶牛最易感，绵羊和山羊也可感染。人也能感染发病。

病畜和痊愈后仍带毒的家畜是本病的主要传染源。在某些流行地区，猪、牛、羊都可感染，但有时只感染牛、羊而不感染猪，或只感染猪而不感染牛、羊。与病猪、病牛相比，病羊症状较轻，有时仅表现为跛行，易被忽视。因此，病羊可在群体中成为长期带毒的传染源。

病毒主要经消化道、呼吸道、损伤的皮肤和黏膜感染，也可经交配感染。病毒随污染的草料、水源、用具等传播。来往人员、狗、鸟等非易感动物都是重要的传播媒介。病毒能随风散播到数十千米或更远的地方，呈远距离跳跃式传播，但有时也表现为蔓延式传播。

口蹄疫的发生没有严格的季节性，一般情况下以秋末、冬春为常发季节。但在非牧区或农区舍饲养殖时，这季节性更不明显，夏季也能流行。本病在新疫区常呈大流行，发病率比在老疫区高。而在两次大流行期间，小流行也不断，一般每隔2～3年会大流行1次。

【临床症状】

潜伏期为2～4天，时间长的可达1周左右。病牛体温高达40.5～41℃，精神委顿，食欲减退；继之唇内侧、齿龈、舌面和颊部黏膜上出现水疱。此时，病牛流涎增多，涎液呈白色泡沫状，在口角、唇边流淌，病牛因疼痛而拒食。水疱过后破溃、糜烂。蹄冠和趾间也可出现水疱和糜烂，重者蹄匣脱落。水疱有时也会发生在乳头和乳房皮肤上。水疱破溃后，体温则降至正常。

本病一般呈良性经过，但犊牛患病时，水疱症状不明显，大多表现为心肌麻痹。

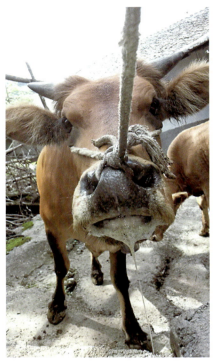

口腔内流出涎液

鼻镜部水疱破溃、糜烂，口流涎液

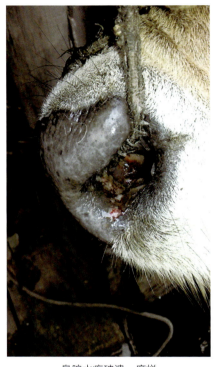

鼻腔水疱破溃、糜烂

舌面水疱破溃出血

蹄壳溃烂开裂

蹄壳开裂

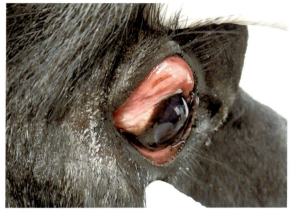
结膜弥漫性充血

舌黏膜破溃出血

下唇部水疱

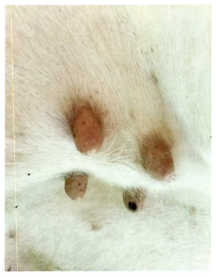
乳头水疱

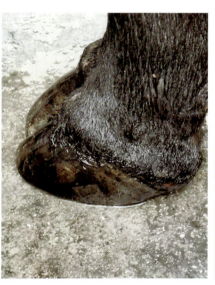
蹄冠部水疱溃烂出血

【病理变化】

除口腔和蹄部病变外，在咽喉、气管和前胃黏膜有时可见溃烂斑和溃疡灶，皱胃和大小肠黏膜也有出血性炎症。具有诊断意义的是心肌病变、心包膜弥漫性或点状出血。心肌切面有灰白色、淡黄色斑点或条纹，称为"虎斑心"。心肌松软，属细胞变性中的脂肪变性。心肌炎严重者，可见心肌纤维变性、坏死、溶解。

【诊断】

根据流行病学、临床症状及病理解剖，可作出初步诊断。必要时，可采集水疱皮或水疱液，最好是选择未破裂的舌面水疱，用灭菌生理盐水洗净后，剪取水疱皮10克，置于冷藏瓶中，送有关单位做毒性鉴定，或用补体结合试验、酶联免疫吸附试验（ELISA）等确诊。

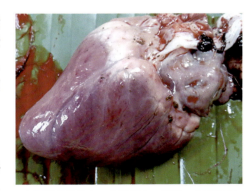
心包膜点状出血，心脏肥大、松软，心肌病变

牛口蹄疫与牛恶性卡他热、牛传染性水疱性口炎等临床症状相似，应注意鉴别。

【防治】

发现疫情应立即上报，划定疫点、疫区。严格隔离封锁，彻底消毒疫区。对疫区和受威胁区的未发病牛，应紧急预防接种。在最后一头病畜痊愈或死亡后14天无新病例发生，经彻底消毒后，疫区方可解除封锁。

定期用口蹄疫O型和A型双价灭活疫苗接种，每头牛2毫升，免疫期6个月。

按国际上通用规则，患口蹄疫的病畜就地扑杀后，应进行无害化处理。优良种畜若需保留，应经有关部门批准后，在严格隔离条件下进行治疗。

处方1 蹄部用3%来苏儿洗净后，涂以鱼石脂软膏，隔天1次。

处方2 用0.1%高锰酸钾液冲洗患部后，涂以碘甘油，每天1次，用于口唇部、蹄部治疗。

处方3 注射用青霉素钠80万～240万国际单位、10%磺胺嘧啶钠20毫升，首次用量加倍，分别肌内注射，每天1次，连用5天。

处方4 注射用头孢噻呋钠1～2克配黄芪多糖注射液20毫升，肌内注射，连用5天。

除上述治疗外，尚可用强心剂和补剂，如樟脑磺酸钠或安钠咖、葡萄糖盐水等。

治疗时，除了通过全身治疗控制继发感染外，辅以局部治疗，效果更佳。

二、牛恶性卡他热

牛恶性卡他热又称恶性头卡他、坏疽性鼻卡他，是由恶性卡他热病毒引起的急性、热性传染病。其特征为病牛高热，口、鼻、眼黏膜发炎，角膜混浊并伴有神经症状，致死率很高。

【病原】

恶性卡他热病毒为双股DNA病毒，存在于血液、脑、脾等组织中。

本病毒对外界环境抵抗力不强，不耐低温和干燥。在室温下，病毒在24小时内就失去毒力；冰点以下时，病毒即丧失传染力。常用的消毒药均能迅速将其杀死。

【流行病学】

本病主要发生于黄牛，水牛次之。4岁以下的牛多发，公牛比母牛易感。一般认为，绵羊是自然带毒者，发病牛多有与绵羊的接触史。病毒一般不在牛与牛之间传播。

本病常年均可发生，但更多见于冬季和早春，一般为散发。

【临床症状】

潜伏期为3～8周。

最急性型　突然发病，体温达41～42℃，持续高热。精神委顿，食欲不振，反刍减少，饮欲增加，鼻镜干热，呼吸和心跳加快。少数病牛在此时即行死亡。

头眼型　最常见病型。眼部发炎，这是每一典型病例必有的症状。畏光流泪，眼睑肿胀，角膜混浊，乃至失明。口腔黏膜充血、糜烂、溃疡和坏死，流涎。鼻黏膜充血，并有污灰色假膜，鼻流黏性或脓性分泌物。呼吸困难，炎症蔓延可导致颜面上半部肿胀，乃至侵袭角突的骨壁，致使角从基部松动，甚至脱落。

肠型　发热，继而腹泻，粪便恶臭，并混以黏液和纤维素性假膜。

皮肤型　在发热的同时，体表淋巴结肿胀。随着病程发展，皮肤上出现红疹、水疱。

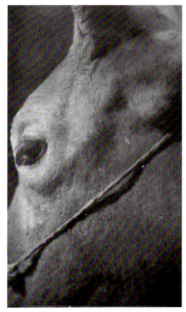

畏光流泪，眼睑肿胀，眼结膜充血，
角膜混浊

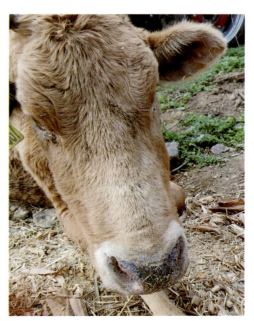

持续高热，结膜炎症，病牛鼻镜干热

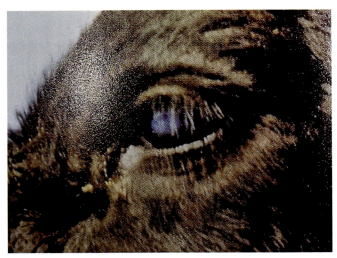

角膜炎、角膜水肿混浊
（王凤龙）

牛失明、口腔流出泡沫样涎液
（朴范泽、倪宏波）

【病理变化】

上呼吸道黏膜发炎是最具规律性的变化。鼻、喉头、气管和支气管黏膜充血，有的在此基础上还有假膜，肺充血和水肿。口腔、食道、皱胃和小肠前段黏膜充血、出血。心外膜有出血点。淋巴结充血、出血和水肿。

【诊断】

目前，尚无特异的诊断方法，只能按照流行病学、临床症状和病理变化进行诊断。临床上，应注意持续高热，角膜混浊，口鼻黏膜糜烂、溃疡，重症者伴发神经症状及角突松动等。与绵羊接触史也有参考价值。

临床上，应与口蹄疫、牛病毒性腹泻－黏膜病、传染性角膜－结膜炎和巴氏杆菌病相区别。

【防治】

本病尚无特异的免疫办法和有效的治疗方法，对抗生素药物治疗无效。应禁止牛和绵羊同牧及接触，发现病畜应及时隔离，加强消毒措施和进行对症治疗。发病后，可使用下列处方：

处方1 注射用头孢噻呋钠3克、1%地塞米松注射液6毫升、25%维生素C注射液40毫升、10%安钠咖注射液30毫升、25%葡萄糖注射液1 000毫升、5%葡萄糖生理盐水3 000～5 000毫升，按说明静脉注射。

说明：头孢噻呋钠、维生素C、地塞米松分别静脉注射。另外，患角膜混浊者在太阳穴侧皮下注射2.5%醋酸泼尼松龙注射液。

处方2 注射用亚甲蓝2克、5%葡萄糖生理盐水2 000毫升、50%葡萄糖注射液1 000毫升，一次性静脉注射。复方磺胺间甲氧嘧啶钠注射液20毫升，肌内注射，每天2次，连用5天，首次用量加倍。

处方3 清瘟败毒饮：石膏150克、生地60克、水牛角90克、川黄连20克、栀子30克、黄芩30克、桔梗20克、知母30克、赤芍30克、玄参30克、连翘30克、甘草15克、丹皮30克、鲜竹叶30克。石膏打碎先煎，再下其他药煎服，水牛角锉细末冲入，每天1剂，共3剂。

三、牛流行热

牛流行热是由牛流行热病毒引起的急性、热性传染病。该病又称三日热或暂时热。其临床特征为高热、畏光流泪、鼻漏、口角流涎、呼吸促迫、四肢关节肿胀、后躯活动障碍、跛行。

本病常为良性经过，病程3天左右，故称三日热。但该病因大群发病，尤其对乳牛产乳有明显的减产作用，且部分病牛常因卧地不起或瘫痪而致淘汰。

【病原】

牛流行热病毒属弹状病毒，子弹形或锥形。该病毒为单股RNA病毒，有囊膜和囊粒，存在于病牛血液中。

本病毒对热敏感，在56℃下20分钟、37℃下18小时即可灭活，且对一般消毒剂敏感。

【流行病学】

本病广泛流行于非洲、亚洲及大洋洲，我国也有此病的发生和流行，而且分布面积较广。黄牛、奶牛对本病易感，水牛较少感染。本病以3～5岁牛多发，1～2岁牛及6～8岁牛次之，犊牛和9岁以上牛少见。

病牛在高热期血液中含有的病毒是本病的主要传染源，蚊蝇等吸血昆虫是主要的传播媒介，通过吸血昆虫叮咬而造成本病流行。

牛流行热的发生和流行有如下特点：一是有明显的季节性，其在高温炎热、多雨潮湿、蚊蝇多的夏季多发。在牛群中，成年的母牛尤其是孕牛和产乳量高的奶牛发病率高。二是本病呈流行性或大流行性，传播迅速。三是发病虽多，但病死率低。四是有时呈跳跃式传播，而且本病的流行有明显的周期性，一般3～4年流行1次，一次大流行之后常有一次较小的流行。

【临床症状】

本病潜伏期3～7天。病牛发病突然，体温高达40～42℃，稽留2～3天后逐渐正常。食欲减退，反刍停止，咽喉疼痛。病牛畏光流泪，眼睑水肿，结膜充血。多数病牛鼻腔流出浆液或黏液，有的口角流涎，皮温不整，特别是角根、耳、肢端有冷感。呼吸促迫，呼吸次数加快到每分钟80次以上。病牛喜卧，甚至不能起立。有的站立不动，强迫使其行走，步态不稳，后躯活动障碍，尤其后肢抬不起来，常擦地而行。四肢关节可发生肿胀与疼痛、僵硬，并出现跛行。有的便秘或腹泻，发热期尿量减少，排出暗褐色混浊尿。孕牛可发生流产、死胎。乳牛泌乳量下降或停止泌乳。多数病例为良性经过，病程3～4天，少数严重者可于1～3天内死亡，死亡率一般在1%以下，部分病牛常因瘫痪或跛行而被淘汰。

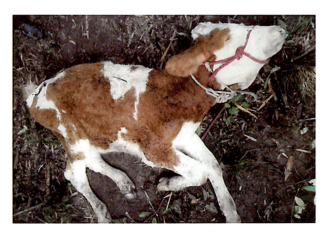

病牛瘫痪，卧地不起

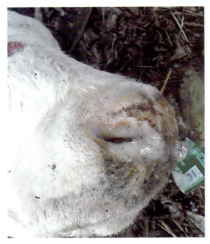

鼻流脓性分泌物

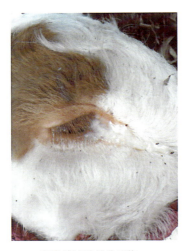

眼角流出脓性分泌物，结膜发炎

眼角和鼻流出脓性分泌物

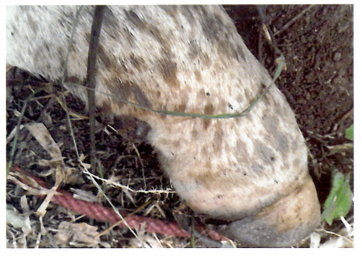

系关节肿胀，蹄壳开裂

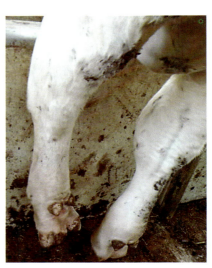

前肢腕关节肿胀

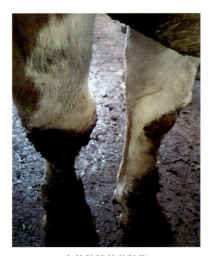

右前肢腕关节肿胀

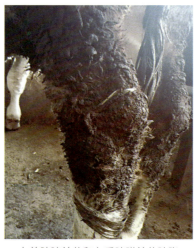

左前肢腕关节和左后肢跗关节肿胀

右后肢膝关节肿胀

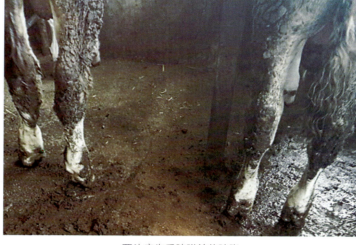

后肢跗关节肿胀   两头病牛后肢跗关节肿胀

【病理变化】

急性死亡的病例，可见有明显的肺间质气肿，还有一些病牛可有肺充血与肺水肿。患肺气肿的病牛肺高度膨隆，间质增宽，内有气泡，压迫肺呈捻发音。肺水肿病例胸腔积有大量暗紫色液体，两肺肿胀，间质增宽，内有胶冻样浸润，气管内积有多量泡沫状黏液。全身淋巴结肿大、充血或出血。真胃、小肠和盲肠呈卡他性炎症和渗出性出血。

【诊断】

本病的特点是大群牛突然发病，传播迅速，有明显的季节性，发病率高，死亡率低。结合临床症状，不难作出诊断。但确诊需进行实验室检查，可采用动物接种实验、荧光抗体实验、补体结合反应试验等方法。

【防治】

本病的预防措施首先是在平时的饲养管理和运输及驱赶时减少应激因素刺激，并做好牛舍环境卫生，定期消毒，消灭吸血昆虫。其次是每年4—5月用牛流行热灭活疫苗对牛进行首次免疫，1～2个月后加强免疫1次，可取得较好的免疫效果。

本病无特效的治疗方法，一般均采用对症治疗措施。

对于解热、镇静方面，可采用复方氨基比林、安乃近等；若需强心、补液，则可选用安钠咖、5%～10%葡萄糖、生理盐水、地塞米松、维生素B₁、维生素C；为防止继发感染，可用氨苄西林、阿莫西林、头孢噻呋钠、阿米卡星、多西环素、卡那霉素、双黄连、清开灵等；对关节肿痛、跛行的病牛，可静脉注射10%水杨酸钠、10%葡萄糖酸钙、地塞米松等药物。也可采用醋酒灸疗法进行辅助治疗，具体方法为麸皮10千克，加食醋10千克，拌匀后在铁锅内炒热至60～70℃，然后分装在两条布袋内，扎好口后交替温熨于病牛腰部，每天1次，每次1小时，连用数天。还可用醋酒灸（"火烧战船"）来治疗，其方法为在病牛腰背部盖上浸透食醋的浴巾，在浴巾上喷洒75%医用酒精或高度白酒后点燃，反复用注射器分别喷洒酒精和白醋，火弱加酒，火旺加醋。注意要始终保持火旺而不被烧焦，持续进行半小时左右，直至病牛耳根、眼眶、四肢内侧微微出汗为度。术后盖上麻袋等以保暖。

及时发现，及早隔离和治疗。消灭蚊蝇和做好消毒是预防及减少本病传播的有效办法。

四、牛病毒性腹泻-黏膜病

牛病毒性腹泻-黏膜病简称为牛病毒性腹泻或牛黏膜病，是由牛病毒性腹泻-黏膜病毒引起的一种接触性传染病。其临床特征为发热，流鼻涕，咳嗽，腹泻，消瘦，白细胞减少，消化道黏膜、口腔黏膜和鼻黏膜发炎、糜烂、溃疡，以及淋巴组织显著损害。

【病原】

牛病毒性腹泻-黏膜病毒为有囊膜的单股RNA病毒，呈圆形。在琼脂扩散试验中，本病毒与猪瘟病毒在免疫学上彼此可产生特异性沉淀反应。

本病毒对温度敏感，在56℃下即可灭活。在冻干或冰冻状态（－70～－60℃）下相当稳定，可存活数年。另外，本病毒对氯仿、乙醚敏感。

【流行病学】

各种牛对本病均易感，尤其是黄牛。各个年龄的牛对本病都有易感性。其中，犊牛（6～18月龄）易感性较强，且大多为急性病例。有时发病率较低但死亡率很高，而有时发病率很高致死率却不高。

本病可常年发生，以冬、春季多发。在老疫区，只见散发病例，大多数呈隐性感染。有些慢性病例呈持续感染，但不产生体液抗体，这是在检疫时应该注意的问题。在牛群遇到应激（如运输、拥挤、饲养管理条件突变等）刺激时，可呈地方流行性或暴发式流行，特别是在犊牛中急性病例增多。

已经证明，猪可以自然感染，人工接种也可使羊、兔、鹿感染，但多无明显临床症状或呈隐性感染。

【临床症状】

本病潜伏期为7～10天。大多数情况下是无明显临床症状的隐性感染，牛群中仅见少数轻型病例，但有时可引起大批牛群突然发病。

急性型　牛突然发病，体温升高达40～42℃，白细胞减少。病牛精神沉郁、委顿，厌食。口腔黏膜充血、糜烂、坏死和溃疡，流涎。鼻镜、鼻黏膜有时可见充血糜烂，呈浆液性或黏液性鼻漏。咳嗽，呼吸促迫，心搏加快，结膜发炎。腹泻是其特征性症状，一般于发热2～4天后出现。开始为水样腹泻，继而粪便恶臭，含有黏液及血液。可持续1～3周，或间歇性腹泻达几个月之久。有的病牛由于蹄叶炎及趾间皮肤糜烂、坏死而跛行。急性型病例多见于犊牛。

牛群腹泻，精神沉郁、厌食、消瘦

鼻孔扩张，鼻漏，有脓性鼻液

慢性型 发热症状较少见。鼻镜糜烂，结膜炎，有浆液性分泌物。消瘦，持续性或间歇性腹泻。蹄叶炎或趾间、蹄底皮肤糜烂坏死，跛行。多数病牛于2～6个月内死亡，或病程更长。

【病理变化】

特征性的病变是食道黏膜糜烂，呈大小和形状不等的直线排列。鼻镜、鼻黏膜、齿龈、上颚、舌面两侧和颊黏膜也有糜烂。瘤胃黏膜有时可见出血和糜烂，真胃黏膜炎性水肿和糜烂。肠道呈卡他性、出血性、溃疡性及坏死性不同程度的炎症，肠集合淋巴结有出血及坏死变化。有时在蹄部趾间皮肤及全蹄有急性糜烂、溃疡和坏死。

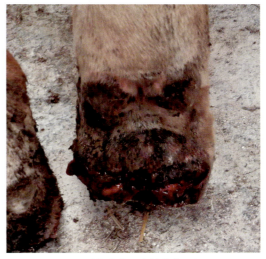

蹄部出血，炎性病变

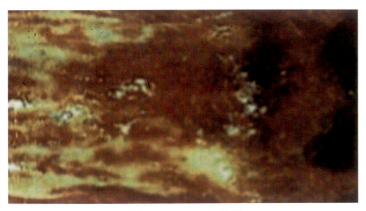

食道黏膜条状出血、糜烂

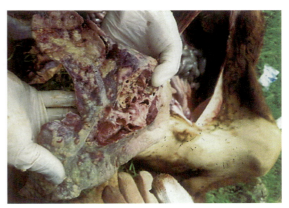

肺脏充血、出血、肝变、坏死

瘤胃黏膜糜烂、脱落

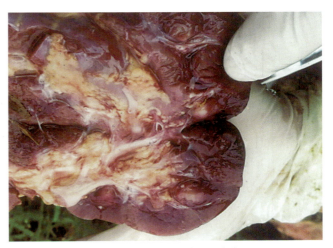

肾脏皮质部、髓质部充血和出血

【诊断】

根据流行病学、临床症状及特征性的病理变化，如腹泻及消化道（尤其是食道）黏膜的病变，可作出初步诊断。确诊需做病原鉴定和血清学检查。

临床上，应与牛瘟、口蹄疫、恶性卡他热、牛传染性鼻气管炎、传染性水疱性口炎、蓝舌病、副结核病等相鉴别。

【防治】

本病主要靠疫苗预防，目前尚无有效的治疗方法。对症治疗和控制细菌感染可减少损失。

自然康复牛和免疫接种牛均能获得强免疫力，免疫期可在1年以上。

处方1 牛病毒性腹泻－黏膜病弱毒疫苗采取皮下注射。成年牛免疫1次，14天后可产生抗体，并保持22个月的免疫力；犊牛2月龄适量免疫1次，到成年时再免疫1次，用量参照说明书。

处方2 碱式硝酸铋片30克、磺胺脒片40克，一次灌服；磺胺药每天2次，首次用量加倍，连用5天。

处方3 阿米卡星300万国际单位、5%葡萄糖生理盐水3 000毫升，一次静脉注射。重症配合强心、补糖及补维生素C。也可用菌特灵注射液、恩诺沙星注射液，肌内注射。

处方4 乌梅20克、柿蒂20克、山楂炭30克、诃子肉20克、黄连20克、姜黄15克、茵陈15克，煎汤去渣，分2次灌服。

处方5 白头翁、黄连、黄芩、黄檗、秦皮、茵陈、苦参、穿心莲各20克，玄参、生地、泽泻、椿白皮、诃子、乌梅、木香、白术、陈皮各15克，水煎后灌服，每天1剂，共4剂。

引进牛时要加强检疫，以防引入带毒牛只。可应用弱毒苗预防本病。对病牛要隔离治疗，被污染的场地、用具、圈舍等要彻底消毒。

五、牛结节性皮肤病

牛结节性皮肤病（LSD）又称牛疙瘩皮肤病。本病于1929年最先发现于赞比亚和马达加斯加，随后迅速传播至非洲南部和东部及世界其他地区。我国于1987年在河南省首次发现有本病，并于1989年正式报道从病牛体内分离出结节性皮肤病病毒。

牛结节性皮肤病是由痘病毒科山羊痘病毒属牛结节性皮肤病病毒引起的牛全身性感染疫病。临床上是以发热、淋巴结肿大、皮肤水肿、皮肤表面出现坚硬的结节或溃疡为特征的传染病。该病不传染人，不是人畜共患病。世界动物卫生组织将其列为法定报告的动物疫病，我国农业农村部暂时将其作为二类动物疫病管理，但在检疫上作为一类疫病进行防控。

牛结节性皮肤病的感染牛身体消瘦，产奶量下降，皮张鞣制后具有凹陷或孔洞而导致其利用价值大大降低。

【病原】

该病的病原为牛结节性皮肤病病毒，与山羊痘病毒、绵羊痘病毒同属痘病毒科山羊痘病毒属。病毒存在于病牛皮肤、黏膜的丘疹、水疱、脓疱和痂皮内，鼻分泌物和发热期血液内也有病毒存在。病毒对皮肤和黏膜的上皮细胞具有特殊的亲和力。因此，痘病毒是一种亲上皮病毒。

该病毒对外界的物理因素和化学因素具有较强的抵抗力，在干燥痂皮中可存活1个月以上。病毒对氯仿和乙醚较敏感，甲醛等消毒剂也可杀灭该病毒。

【流行病学】

牛结节性皮肤病有明显的季节性，6—9月发病总数占比为82.4%，这与炎热夏天较高的温度和湿度有关。病牛恢复后，常带毒3周以上。该病主要通过吸血昆虫（蚊、蝇、蠓、虻、蜱等）叮咬传播，吸血昆虫通过远距离的飞行可引起5～100千米的远距离传播。

该病主要发生在卫生条件较差的小规模牛场和养殖户，且以散发为主。特别是在圈养的条件下，黄牛、奶牛和水牛均易感，且无年龄差异。而饮用同一水源的牛，感染风险较大。

污染的放牧草地、水源、粪尿、垫草、分泌物、毛皮、饲料均可引发本病，共用污染的针头也会导致群内传播。本病也可通过母牛子宫垂直或水平传播；感染公牛的精液中带有病毒，可通过自然交配或人工授精传播。长距离的运输有引发本病的风险。牛结节性皮肤病发病率通常为2%～20%，个别地区高达80%；死亡率一般低于10%。

【临床症状】

该病的临床表现差异很大，这与牛的健康状况和感染的病毒量有关。在自然感染牛中，1/3有临床症状，1/3为亚临床症状，1/3无任何临床症状。

牛结节性皮肤病潜伏期一般为14～35天。病初患牛体温升高，可达41℃，呈稽留热型，并可持续1周。浅表淋巴结肿大，特别是肩前淋巴结肿大。奶牛产奶量下降。病牛精神沉郁，不愿走动。眼结膜炎，流鼻液、口流涎。发病48小时后，皮肤上会出现直径10～50毫米的结节，以头、颈、肩、乳房、外阴、阴囊等部位居多，重症者结节遍布全身。结节可能破溃，反复结痂，绵延数月不愈。有时口腔黏膜出现水疱，继而破溃和糜烂。病牛的四肢及腹部、会阴、胸前等部位水肿，重者破溃、糜烂。公牛可能暂时或永久性不育，怀孕母牛流产，发情延迟可达数月。

皮肤结节

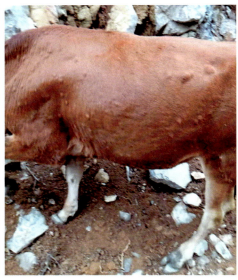

皮肤结节

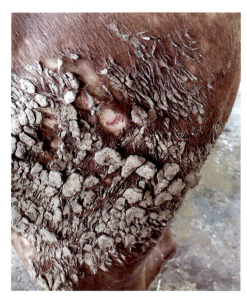

皮肤结节破溃　　　　　　　皮肤结节破溃、化脓

【病理变化】

病牛消化道和呼吸道表面结节病变。淋巴结肿大、出血。心脏肿大，心肌外表充血、出血，呈斑块状淤血。肺脏肿大，有少量出血点。气管黏膜充血，气管内有大量黏液，肾脏表面有出血点。

肝脏肿大，边缘钝圆。胆囊肿大，为正常的 2～3 倍，外壁有出血斑。脾脏肿大，质地变硬，出血。

【诊断】

根据流行病学、临床症状及病理变化可作出初步诊断。必要时，可通过实验室检测来确诊。采集全血分离血清用于抗体检测时，可用病毒中和试验、酶联免疫吸附试验等方法；采集皮结痂、口鼻拭子、抗凝血等用于病原检测时，可用荧光聚合酶链式反应等来进行病毒核酸检测。

【防治】

按《动物防疫法》和农业农村部的有关规定，对牛结节性皮肤病疫情实行快报制度。对确诊牛，建议扑杀并做无害化处理，实施严格的隔离、消毒制度，并杀灭蚊蝇，严禁活牛调运。与此同时，可采用国家批准的山羊痘疫苗，按照5头份羊剂量进行紧急免疫。

该病主要以预防为主、对症治疗为辅，控制继发感染。

用5头份羊剂量的山羊痘活疫苗在牛尾根内面皮内接种，间隔21天再加强免疫1次。接种后7天左右，部分牛就可产生免疫力，至第14天可全部获得坚强免疫力，免疫力可持续1年。

为建立免疫屏障，建议免疫覆盖面达90%～100%，以获得群体免疫保护。

对已发病的牛，可用8头份羊剂量的山羊痘疫苗在尾根内面皮内注射；间隔3天再注射1次山羊痘疫苗，也是按8头份羊剂量注射；再间隔5天注射1次山羊痘疫苗，仍按8头份羊剂量注射。在注射疫苗的同时，用头孢噻呋钠纯粉3克配氟尼辛葡甲胺注射液20毫升和板蓝根注射液20毫升，混匀后分两点做深部肌内注射，每天1次，连用4天。

对病程较长的牛，在上述治疗后，尚可选用环丙沙星注射液配卡那霉素注射液各20毫升分两点做深部肌内注射，连用4天。也可用头孢曲松钠3克配磷酸地塞米松20毫升做肌内注射，连用4天。

局部治疗时，可选用聚维酮碘、碘伏或碘甘油，喷、涂皮肤结节处。如结节溃烂，用0.1%高锰酸钾液冲洗后，涂以碘甘油，每天1次，直至治愈。皮肤水肿的病牛患处，宜先用普鲁卡因青霉素做环状皮下封闭，再将中药藤黄放入碘酒中研磨后涂敷患处。

在全身和局部治疗的同时，可用中成药清瘟败毒散、黄芪多糖粉、板青颗粒、维生素C粉大群拌料或饮水，连用10天。

牛舍要经常清扫、消毒，保持通风、干燥，防蚊蝇、杀硬蜱，并饲喂优质饲料以增强抵抗力。

六、牛蓝舌病

蓝舌病是由蓝舌病病毒引起的反刍动物的急性、非接触性传染病，主要发生在绵羊，牛易感性比绵羊低。常常因牛舌上的糜烂易与口蹄疫相混淆，因此也称为伪口蹄疫。其临床特征为高热稽留，消瘦，口、鼻和胃肠黏膜发生溃疡性炎症变化。

世界动物卫生组织将其称为A类动物疫病，我国将其归为一类动物疫病。

【病原】

蓝舌病病毒属呼肠孤病毒科环状病毒属。目前已知病毒有24个血清型，每型产生的抗体只能抵抗同型的病毒，各型之间无交互免疫力，不能保护异型病毒的感染。病毒存在于病牛血液和器官中，并可在康复牛体内存在4～5个月之久。蓝舌病病毒抵抗力很强，在腐败血液里可保持活力数年，耐干燥。但对热和酸、碱较为敏感，60℃ 30分钟可失去毒力，在pH 3.0的环境中迅速被灭活，2%～4%氢氧化钠溶液可将其杀死，而3%福尔马林和70%酒精也可使其灭活。

【流行病学】

绵羊对本病易感。牛、山羊、鹿易感性比绵羊低，多为隐性感染，有一部分可显示轻微症状，其临床症状与绵羊相同。

病牛和带毒者是本病的传染源。公牛感染后，其精液内带有病毒，可通过交配和人工授精传染给母牛。病毒也可通过胎盘感染胎儿。本病主要是通过吸血昆虫库蠓和伊蚊来传播。

本病的发生具有一定的季节性，通常在吸血昆虫生活的湿热夏季和早秋发生，低洼地带多发。

【临床症状】

潜伏期3～8天。病初患牛体温升高达40℃，精神委顿、食欲废绝，口唇水肿，蔓延至面部和耳部，且可见流涎症状。口腔充血，齿龈、舌黏膜及颊部等处出现不同程度的糜烂和溃疡，出现咽喉麻痹症状。

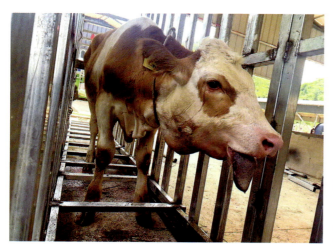

舌肿大发绀，舌面黏膜有小出血点，口唇、鼻红肿

舌呈蓝色，发绀

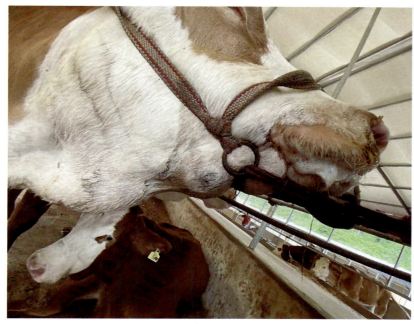
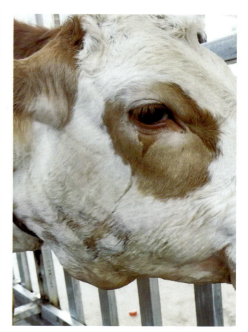

流　涎　　　　　　　　　　　　　　　　　　　　　　眼睛流泪

喉头麻痹的病牛饮水往往能引起误咽，从而导致误咽性肺炎，造成病牛吞咽困难。有些病牛的舌呈蓝色发绀，故有蓝舌病之称。鼻腔充血流出浆液性或黏液性分泌物，鼻孔周围结痂，呼吸困难。有时蹄冠、蹄叶发生炎症，后蹄常较严重，触之敏感，呈不同程度跛行。

病牛患病不死的经10～15天也可治愈，6～8周后蹄部也可恢复。病牛一般均取良性经过，但可长期带毒。该病死亡率一般在10%左右。

【病理变化】

口腔黏膜糜烂、出血，舌质发绀。瘤胃和真胃溃烂、出血、坏死。心内外膜、心肌有小出血点。呼吸道、消化道和泌尿道黏膜均有出血点。脾脏通常肿大。蹄冠等部位皮肤发红，蹄叶发炎并常溃烂。

【诊断】

根据吸血昆虫活动季节和病牛高热稽留、口腔糜烂、舌质发绀变蓝、蹄部皮炎等症状和病变可作出初步诊断。确诊可采取病料进行人工感染，或通过鸡胚分离病毒，也可以进行血清学诊断。

本病易与口蹄疫相混淆。口蹄疫有接触传染，而蓝舌病没有；且局部病变也不同，蓝舌病的溃疡不是由于水疱破溃后形成的，因此没有水疱破溃后那样不规则的边缘，加之蓝舌病不感染猪。

牛病毒性腹泻－黏膜病也常与蓝舌病的某些症状相似，但前者发病率、死亡率很高，犊牛尤甚。多数患牛病初体温升高达40～42℃，可持续2～5天。此时，口、鼻黏膜发炎糜烂、流涎，结膜发炎和不同程度角膜混浊，有的病牛出于蹄叶炎及趾间皮肤糜烂坏死而跛行。腹泻是其特征性症状，一般于发热2～4天后出现水样腹泻，继而粪便恶臭，含有黏液和血液，可持续1～3周或间歇性腹泻达几个月之久。而牛蓝舌病一般无腹泻症状，无接触传染性，发病数也较少。

【防治】

加强口岸检疫，严禁从染病国家和地区引进牛只或冻精。一旦有本病传入，应采取强制性控制和扑杀措施，并彻底消毒。

目前尚无有效治疗方法。对病牛应加强营养，精心护理，对症治疗。平时，应加强防虫、灭虫措施。

不在低洼地区放牧，防止媒介昆虫对牛只的侵袭。

溃疡部可用0.1%高锰酸钾液冲洗后，再用1%～3%硫酸铜、1%～2%明矾或碘甘油涂敷糜烂面，或用冰硼散外敷治疗。

蹄部炎症可先用0.1%高锰酸钾液冲洗或用3%来苏儿洗涤，再用碘甘油涂敷。

染病地区，应在扑杀病牛清除疫源的同时，消灭昆虫媒介。

必要时进行预防免疫，用于预防的疫苗有弱毒疫苗和灭活疫苗。但蓝舌病病毒的多型性和不同血清型之间无交互免疫性的特点，使免疫接种产生一定困难。首先，在免疫接种前，应确定当地流行病毒的血清型，选用相应血清型的疫苗；其次，如在一个地区不只有一个血清型时，还应选用二价或多价疫苗，这样才能收到满意的效果。与此同时，可注射抗生素、磺胺类药物预防继发感染，严重病例可补液强心等。

七、牛产气荚膜梭菌肠毒血症

牛产气荚膜梭菌肠毒血症是由产气荚膜梭菌引起的急性传染病。该菌引起的最急性病例可导致动物突然发病死亡，并以重度出血性肠毒血症为特征。

【病原】

产气荚膜梭菌原称魏氏梭菌，是一种人畜共患病原菌和条件性致病菌。此菌是一类厌氧或微需氧的粗大芽孢杆菌，因能分解肌肉和结缔组织中的糖产生大量气体，导致组织严重气肿，继而影响血液供应，造成组织大面积坏死；加之本菌在体内能形成荚膜，故名产气荚膜梭菌。该菌系革兰氏阴性粗大杆菌，单独或成双排列，两端钝圆。产气荚膜梭菌广泛存在于自然界，也是人和动物肠道中的常见菌之一，一般消毒药易杀死本菌。产气荚膜梭菌通过污染的土壤、饲草、饮水而引起动物感染发病。

产气荚膜梭菌根据外毒素的不同，分为A、B、C、D、E、F 6型。本菌最为突出的生化特性是对牛乳的爆裂发酵，在接种培养8～10小时后，分解葡萄糖产生的气体可把培养基冲破甚至喷出管外。

【流行病学】

产气荚膜梭菌能感染不同年龄、不同品种的牛，其中以犊牛、青年牛易感。发病主要是散发或区域性流行，农区和半农半牧区多发。常流行于低洼、潮湿地区，一年四季均能发生，但春末、初秋和气候突变及应激条件下发病率明显升高。

当牛采食被病原芽孢污染的饲草和饮水后，产气荚膜梭菌便产生毒素。当条件适宜时，毒素大量积聚并进入血液引起毒血症，进而引发心、肝、胃、肠和神经系统等的病变。

【临床症状】

最急性型 病牛无任何症状，突然死亡。死后舌头脱出口外，口鼻中流出带血色泡沫样液体，腹部膨大，肛门外翻。

急性型 病牛病程稍长。精神沉郁，食欲减少，呼吸促迫，口吐白沫，耳、鼻、四肢末端发凉。行走步态不稳，全身肌肉震颤，倒地四肢划动或角弓反张。有的头顶栏杆不动，有时高声吼叫，腹痛，后肢踢腹，最终倒地不起。

亚急性型 病牛病程相对较长，体温正常或略升高，精神沉郁，食欲减少。病牛阵发性不安。病牛水样腹泻，排出有腥臭味带血粪便，粪便中混有脱落的肠黏膜。病牛若不及时治疗或病情恶化，则往往预后不良。

口吐泡沫样液体

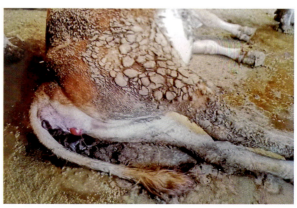
肛门外翻、出血

病牛四肢僵直，角弓反张

粪便带有黏液和血液

【病理变化】

本病以全身实质器官和小肠出血为其病变特征。病牛心外膜出血，心肌出血变软。肺脏出血、气肿。真胃黏膜水肿、脱落和弥漫性出血。十二指肠和空肠呈出血性肠炎病变，浆膜、黏膜大面积出血，肠管外观呈暗红色，呈血肠样外观，称为"红肠子"。肠内容物呈红色并含有血液和脱落的黏膜，肠系膜淋巴结肿胀、出血。脾脏被膜下或边缘部有出血点。肝脏肿大、呈紫黑色，并有出血斑。胆囊肿大1～3倍，胆汁充盈。

心脏内壁出血、淤血，心肌出血

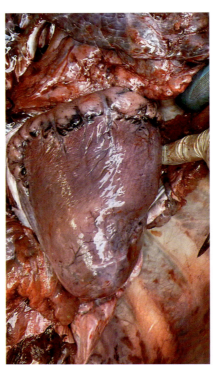
心肌严重出血、质软，心外膜出血

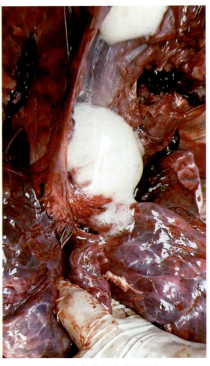
气管中充满泡沫状分泌物

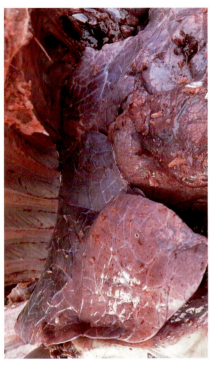

肺脏出血、肝变、坏死、气肿

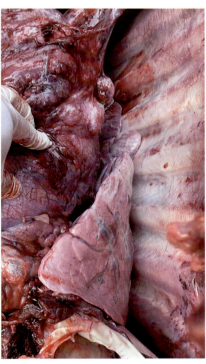

肺气肿，并与肋胸膜粘连

肺间质增宽、出血，伴有气肿

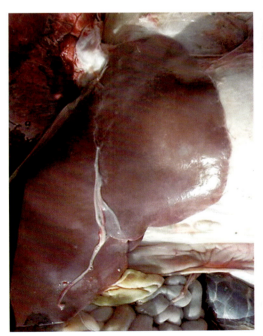

肝脏肿大、色暗黑

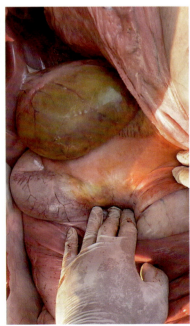

胆囊肿大、胆汁充盈

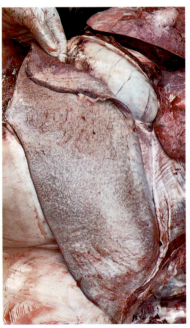

脾脏肿大、黏膜有出血点、脾脏边缘出血

真胃黏膜脱落、出血

真胃黏膜脱落

真胃黏膜脱落、严重出血

真胃黏膜出血

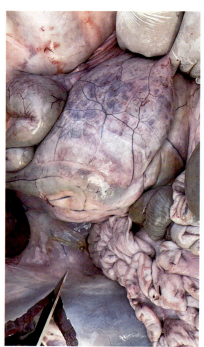

胃肠浆膜明显出血

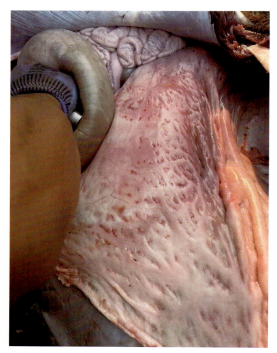

大网膜出血

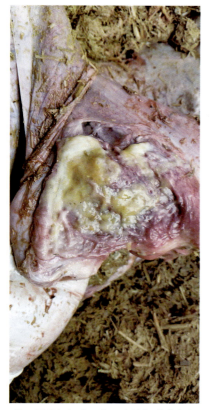

第四胃幽门与十二指肠连接部黏膜出血

十二指肠黏膜脱落、出血

十二指肠黏膜出血

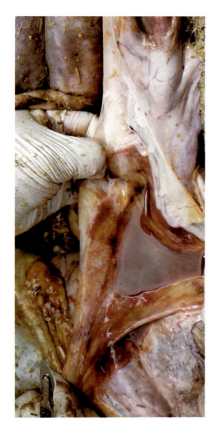

十二指肠黏膜严重出血

盲肠浆膜出血

结肠黏膜严重出血

结肠浆膜严重出血

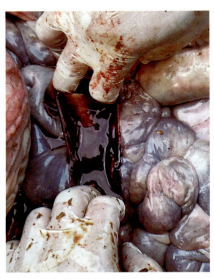
结肠黏膜脱落、严重出血

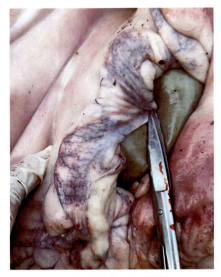
小肠黏膜出血、肠壁化脓

【诊断】

典型病例可根据临床症状、病理变化和流行情况作出初步诊断，必要时可进一步做实验室检测。

可采取淋巴结、心、肝等病料涂片后，用革兰氏染色后镜检，看有无两端钝圆的直杆状大型杆菌。也可将肠内容物接种于鲜血琼脂培养基，37℃厌氧培养24小时后，可见有双溶血环的圆形菌落，直径1.5～3毫米，呈浅灰色，并取培养菌株做生化反应。该菌分解葡萄糖、乳糖、麦芽糖、蔗糖、果糖产酸产气，不发酵甘露醇。同时，也可取小肠内容物做肠毒素测定。先以1：5稀释，3 000转/分离心30分钟；再取上清液注射于小鼠尾静脉内，小鼠在注射10分钟内出现神经症状后迅速死亡，可依此作出诊断。

【防治】

牛产气荚膜肠毒血症重在预防，定期消毒，消灭病原。加强饲养管理，减少应激。接种疫苗是减少发病的重要措施。

由于牛产气荚膜梭菌病常呈急性和散发，目前尚无有效的治疗措施。对病程较长者，若治疗及时，也可收到一定效果。在对症治疗方面，一般遵循强心补液、解毒、镇静、调理肠胃的原则，可选用林可霉素、氟苯尼考、庆大霉素等抗生素，以及葡萄糖生理盐水、甘露醇、中药黄芩黄连汤加减，均能起到一定的治疗作用。

春、秋两季对1岁以上牛接种牛魏氏梭菌铝胶灭活苗，每头注射5毫升，免疫期半年。也可定期接种魏氏梭菌A型、B型、C型、D型多联浓缩苗，每头皮下注射1.5～2毫升。

处方1 盐酸林可霉素5克配硫酸庆大霉素注射液20毫升，肌内注射，连用5天。

处方2 酒石酸泰乐菌素2克配氟苯尼考注射液20毫升，肌内注射，连用3天。

处方3 硫酸阿米卡星注射液10毫升配盐酸多西环素注射液10毫升，黄连注射液20毫升，分别肌内注射，连用3～5天。

处方4 头孢噻呋钠纯粉3克配黄芪多糖注射液20毫升，磺胺间甲氧嘧啶钠注射液20毫升，分别肌内注射，连用5天。

处方5 5%葡萄糖生理盐水2 000毫升、25%维生素C 10毫升、樟脑磺酸钠20毫升，混合后一次静脉注射，每天1次，连用3天。安络血20～30毫升，肌内注射，每天2次。

处方6 中药黄芩黄连汤加减：黄芩45克、黄连30克、黄檗45克、栀子60克。水煎候温灌服，共3剂，每天1剂。

八、牛放线菌病

牛放线菌病又称大颌病、木舌病，是由几种放线菌感染所引起的一种慢性、化脓性、肉芽肿性传染病。其临床特征是在颌下、头、颈、舌的皮肤和软组织等部位，形成局灶性坚硬的结节肿胀和慢性化脓灶，即放线菌肿。

牛等多种动物常见，人也可感染，该病为人畜共患病。

【病原】

该病的病原较多，其中主要为牛放线菌和林氏放线杆菌。牛放线菌主要是感染骨组织等硬组织，常损伤下颌骨和牙齿，革兰氏染色阳性，是一种不运动不形成芽孢的杆菌。在病灶的脓汁中形成黄色或黄褐色的颗粒状物质，称为菌块或菌丝，在动物组织中能形成外观似硫黄颗粒的颗粒性聚集。林氏放线杆菌是一种细小多形态的革兰氏阴性杆菌，无鞭毛，不产生芽孢，主要侵害头颈部皮肤和软组织，可蔓延到肺部，还见于侵害牛的口腔和咽的黏膜、淋巴结及皮肤等处。

放线菌对外界的抵抗力较低，一般消毒药均可迅速将其杀灭。

【流行病学】

牛、绵羊、山羊、猪和人对该病均易感，特别是2～5岁的牛多发。本病多呈散发性。放线菌病的病原体广泛存在于土壤、饮水和饲料中，或寄生在牛的口腔和上呼吸道中。当换牙或采食粗糙带刺的饲料，或皮肤、黏膜受到损伤时，即可引起感染。本病也可由呼吸道吸入而侵害肺脏。放线菌进入机体组织后引发局部的慢性炎症，白细胞向此处游走继而被结缔组织包围而成结节，形成环状的"放线菌肿"。

【临床症状】

本病潜伏期较长，从数周至数月不等。多在上下颌骨、唇、舌、咽、齿龈、头颈部皮肤以及肺脏等处发病。

林氏放线菌引起本病时，主要在颌骨角、颈部和颊部形成坚硬的球形肿胀，肿胀硬固，界限明显，与皮肤粘连，无移动性，大小不一。破溃或切开时，可见脓性分泌物流出，并形成瘘管，长久不愈。严重时会影响采食。头、颈、颌部等软组织也常发硬结，不热不痛，逐渐增大，突出于皮肤表面而致使局部皮肤增厚。当舌和咽部组织感染时，舌肿大、坚硬、活动困难，因炎性肿胀及结缔组织增生可形成"木舌症"。此时，病牛流涎、咀嚼吞咽困难，有时可导致颌下和腮腺部弥漫性水肿。当乳房感染发病时，则出现局部弥散性肿大或出现局灶性硬结，乳汁黏稠，混有脓汁，乳房淋巴结肿大。

【病理变化】

受害器官有豌豆粒大小的结节样物，小结节可集聚形成大结节，最后形成脓肿。结节或脓肿内常含有乳白色或乳黄色的脓液。当放线菌侵入骨骼（如颌骨、鼻甲骨、腭骨）时，骨骼体逐渐肥大。在骨组织内的放线菌瘘管伸向骨组织深部，破坏骨组织，使骨组织进一步坏死，切面似蜂窝状，其中镶有细小脓肿，也可在病变部位发现瘘管或在口腔黏膜上出现溃烂。

舌放线菌的肉芽肿呈圆形隆起，黄褐色、蘑菇状，有的表面溃疡。

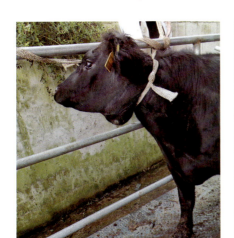
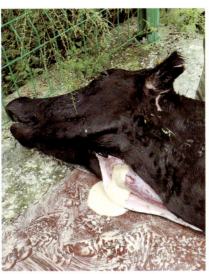
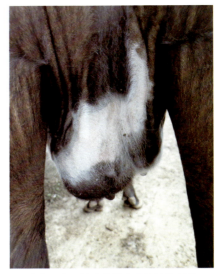

颌部硬结，破溃后流出黄白色脓液　　　　脓肿内含有乳黄色脓液　　　　乳房呈弥漫性肿大并出现局灶性硬结

【诊断】

根据临床表现和病理变化不难作出初步诊断。

也可取少量脓液中的颗粒置于载玻片上，加水稀释后找出硫黄样颗粒，用水冲洗后置于载玻片上，加一滴10%～25%氢氧化钾或氢氧化钠溶液，覆盖玻片稍用力挤压，然后置于低倍显微镜暗视野下镜检。可见，压平后呈菊花状的特殊结构，四周有呈红色的辐射状菌丝。林氏放线杆菌则在病灶中找到灰白色小颗粒状的菌丝，抹片革兰氏染色镜检时，有不太明显的辐射状菌丝。

【防治】

加强饲养管理，不喂未加工处理的豆秸、带芒的麦秸及粗硬饲草，防止口腔黏膜及皮肤损伤。有局部损伤时，要及时处理治疗，可预防该病发生。

内服碘化钾，成年牛每天5～10克，犊牛2～5克，加水自饮，每天1次，连用2～4周。通常服此药5天以上，见有脓性眼眵；服用15～25天后，应停药数日，再服第二个疗程的药。如出现食欲明显减少或肌颤现象，应停止用药。

2.5%碘酊多点注射于肿块，也有较好的疗效。

硬结小时，可在硬结周围注射头孢噻呋钠、四环素、林可霉素等抗生素，1周为1个疗程。

皮肤硬结破溃或切开时，应尽量排除脓汁，并反复用双氧水冲洗硬结内腔，内腔内撒敷抗生素粉。硬结也可用外科手术切除。若有瘘管形成，则要连同瘘管彻底切除；然后，用碘酊纱布条填塞引流，1～2天更换1次，直至伤口愈合。同时，患部周围分点注射抗生素。与此同时，配合全身治疗。根除本病尚有一定难度，特别对于形成的较大骨组织肿胀，治愈后仍会留下异常的形态改变。

九、牛支原体肺炎

牛支原体肺炎是由牛支原体引起的以坏死性肺炎、关节炎为主要表现的疾病。该病在很多国家和地区流行，给养牛业造成了严重的经济损失。

【病原】

牛支原体肺炎的病原是牛支原体，而不是引起牛传染性胸膜肺炎（牛肺疫）的丝状支原体丝状亚种。牛支原体呈革兰氏阴性，为多菌体。在支原体培养基上，菌落呈边缘光滑、湿润、圆形透明的"油煎蛋"状。牛支原体无细胞壁，对作用于细胞壁的 β - 内酰胺酶类抗菌药物，如青霉素类抗生素和头孢类抗生素不敏感，对磺胺类抑菌药也不甚敏感。

牛支原体广泛存在于污水、土壤、动物体中，对环境因素的抵抗力不强。一般常用消毒剂可达到消杀的目的。牛支原体对高温敏感，65℃经2分钟即可灭活。但牛支原体在无阳光的情况下可存活数天，在4℃下的牛奶中可存活1周，在水中可存活2周以上。

【流行病学】

牛支原体呈世界性广泛分布，可引起肺炎、关节炎、结膜炎等多种病症，还会导致母牛不孕与流产。

病牛可通过鼻腔分泌物排出牛支原体。牛群之间可通过近距离接触传染，也可经呼吸道、生殖道、乳头等传播。牛一旦感染，可持续带菌而成为传染源。

本病3月龄～1岁内黄牛易感，且杂交肉牛的易感性较高，特别是舍饲牛较易发生该病，而水牛较少发生。牛支原体肺炎的发病率为20%～80%，死亡率为5%～25%。若治疗不当，则死亡率可高达50%以上。

牛支原体肺炎的发生无明显的季节性。当牛受到应激后，特别是长途运输、气候突变、饲养环境变化等，使本病的发生成为可能。

【临床症状】

急性型 病牛体温升高，可达40.5～41.5℃，呈稽留热。精神沉郁，食欲废绝，黏液性或脓性眼、鼻分泌物。咳嗽增多，剧烈干咳，呼吸困难，呈腹式呼吸；肺部肺泡音减弱或消失，听诊支气管啰音或哨音。关节发炎、脓肿，呈跛行。关节腔内积有大量液体，关节周围软组织内出现不同程度的干酪样坏死物。

慢性型 通常不表现症状，采食略减或正常，体温正常或略升高。呼吸略增快，有时有干性短咳，且通常是单发性。听诊肺部有哮喘样啰音，眼、鼻有轻度的浆液性或黏液性分泌物。

病牛腕关节、膝关节和跗关节明显肿大，站立不稳，跛行。

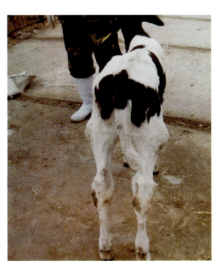

后肢跗关节明显肿大

【病理变化】

病变主要在肺部，咽后淋巴结明显肿大，胸腔和心包积液增多。间质增宽，重症者明显的肺部实变，质地变硬，表面有大小不等灰白色、灰黄色干酪样或化脓性坏死灶，切面呈大理石状病变。肺部淋巴结肿大，出血。轻者肺尖叶、心叶及部分膈叶局部有红色肉变或散在小出血斑点或化脓灶，肺部有纤维素蛋白渗出，肺与胸膜或膈膜及心包粘连。气管、支气管内有干酪样分泌物或乳白色泡沫分泌物。

有的肝脏肿大，表面有化脓坏死灶。肠系膜淋巴结肿大，暗红色，切面多汁。

病牛腕关节、膝关节和跗关节肿大。关节腔内有大量黄色浓稠的关节液和干酪性脓性物质，在关节周围有大小不等的含有淡黄色或化脓性的坏死灶。

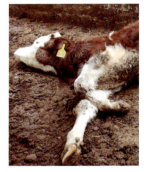
两前肢腕关节肿大

后肢关节肿大

后肢跗关节肿大，关节腔内有干酪性脓性物质，关节周围形成坏死化脓灶

跗关节明显肿大，周围皮肤溃烂

后肢跗关节肿大，内含脓性物质，关节周围呈坏死化脓灶

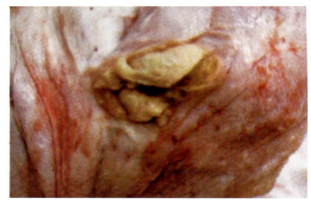
发病犊牛关节处肌肉出现坏死化脓灶

肺脏出血、肝变、坏死，肺脏和肋胸膜、心包膜发生粘连

肺脏出血、肝变、坏死、实变、间质增宽

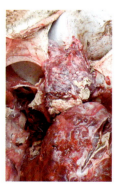
肺和胸膜粘连，肺脏严重出血、干酪样坏死、化脓性坏死

【诊断】

根据流行病学、临床症状和病理变化可对本病作出初步诊断。确诊需要进行支原体培养、染色和观察，以及病料直接PCR检测等实验室诊断。

【防治】

长途运输等应激因素是本病的重要诱因。因此，预防应激可以从根本上减少牛支原体肺炎的发生。牛群在启运前，应在饮水中添加抗应激药物，并饲喂优质青干草。到达目的地后，可以先喂一些添加少许人工盐、麦麸及抗应激药物的温水，并适量饲喂一些优质青干草。牛舍要加强消毒，保持清洁干燥、通风良好及防寒保暖；控制饲养密度，防止过度拥挤；饲喂配合饲料，保证营养，提高牛只抵抗力。

处方1　泰乐菌素以10毫克/千克体重计配氟苯尼考注射液20毫升，肌内注射，连用5天。

处方2　20%长效土霉素注射液20毫升配泰乐菌素以10毫克/千克体重计，肌内注射，连用5天。

处方3　氟苯尼考注射液20毫克配盐酸多西环素注射液10毫升，肌内注射，连用5天。

处方4　泰乐菌素以10毫克/千克体重计配盐酸四环素注射液20毫升，肌内注射，连用5天。

处方5　盐酸林可霉素以10～15毫克/千克体重计配大观霉素注射液20毫升，肌内注射，连用5天。

关节发炎、脓肿患处，应对症清洗脓肿后，局部涂敷抗菌消炎药物。

十、牛传染性胸膜肺炎

牛传染性胸膜肺炎又称牛肺疫，属一类传染病，是由丝状支原体丝状亚种引起的一种急性、热性、高度接触性呼吸系统传染病。主要侵害肺和胸膜，临床上以高热稽留、流浆液性或脓性鼻液、痛性咳嗽、大理石样肺、渗出性纤维素性肺炎和浆液纤维素性胸膜肺炎为特征。

该病曾在许多国家和地区的牛群中发生并造成巨大损失，是危害最为严重的牛病之一，与牛瘟、口蹄疫一起被世界动物卫生组织列为必须通报的 A 类动物疫病。

1949 年以后，我国在全国范围内启动了牛肺疫消灭工作，结合严格的免疫、隔离、扑杀等综合性防治措施，有效控制了牛肺疫疫情，并于 1996 年宣布在全国范围内已消灭该病。2011 年，我国被世界动物卫生组织认证为无牛肺疫国家。

世界动物卫生组织认证证书

【病原】

病原为支原体科支原体属的丝状支原体丝状亚种，菌体呈多形性，革兰氏染色阴性。本菌在加有血清的肉汤琼脂培养基上可生成典型菌落。

病原体对外界环境因素抵抗力不强。如果该病原体暴露在空气中，特别是在直射的阳光下，几小时便失去毒力。干燥、高温都可使其迅速死亡。但在冻结状态的病肺组织中能保持毒力 1 年以上。一般消毒剂如 1%来苏儿、2%福尔马林、10%石灰乳、5%漂白粉溶液均能在几分钟内将其杀灭。病原对青霉素类抗生素和磺胺类抑菌剂则有抵抗力。

【流行病学】

本病主要侵害奶牛、牦牛、黄牛和犏牛，舍饲的牛最易发生。发病率为 60%～70%，病死率为 30%～50%。

目前，在亚洲、非洲和拉丁美洲仍有流行。

主要传染源是病牛、康复牛和隐性带菌牛，康复牛长期带菌可达 2～3 年。经呼吸道感染是本病的主要传播途径，也可通过被污染的饲料、饮水等经消化道感染，还可经胎盘传染。

在老疫区，本病多呈散发性、慢性或隐性传染；而在引入带菌牛进入易感牛群后，常引起本病急性暴发，以后转为地方性流行。饲养管理条件差、圈舍拥挤、冬春气温剧变等，可促进该病的流行。牛群中流行本病时，流行过程常拖延甚久。舍饲牛一般在数周后病情逐渐明显，全群患病要经过数月。

【临床症状】

潜伏期一般为 2～4 周，最长可达 8 个月。病初，病理反应轻微，如体温轻度升高。运动时或受凉刺激时发生短干咳嗽，初始咳嗽次数不多，而后逐渐增多，继之随病情发展症状趋于明显。

急性型　病初体温升至 40～42℃，高热稽留。精神沉郁，食欲减退。鼻孔开张，鼻腔流出浆液性或脓性分泌物。前肢外展，呼吸困难，呈腹式呼吸，有低沉无力的痛咳。按压肋间有疼痛表现，听诊肺部有啰音，肺泡音减弱或消失，代之以支气管呼吸音粗粝。眼结膜潮红并有脓性分泌物。后期可见胸前、垂肉水肿，可视黏膜呈蓝紫色，常因窒息死亡，病程1周左右。有些病牛病势趋于静止，全身状态改善，体温恢复正常逐渐痊愈。有些病牛则转为慢性，整个急性病程为15 ～ 60天。

慢性型 慢性型多数由急性型转来，也有开始即是慢性型者。除体况消瘦、不时有痛性短咳外，多数症状不明显。消化机能紊乱，食欲时好时坏，有的则不表现临床症状，但成为长期带菌者。故易与结核相混，应注意鉴别。

【病理变化】

特征性的病变主要在胸腔和肺部。胸腔积液，内含有絮状纤维素凝片，胸膜粗糙，肺脏表面与胸膜间常有纤维素性渗出物粘连。肺叶肿大、坚实，切面红灰相间等不同阶段的肝变，呈大理石样花纹。肺门和纵隔淋巴结肿大、出血，重症者可见肺叶坏死。心包积液，心脏实质质脆，心包膜常与肺或纵隔粘连。脾肿大，切面突出。

肺部大理石样花纹，肺叶呈红灰肝变
（甘肃农业大学兽医病理室）

【诊断】

根据流行病学、临床症状和病理变化可作出初步诊断。确诊需进行实验室诊断。本病常用补体结合试验或凝集反应试验等作为诊断依据。细菌学检查时，取肺组织、胸腔积液或淋巴结等接种于含10%马血清的马丁肉汤和马丁琼脂，37℃培养2 ～ 7天。如有生长，即可进行支原体的鉴定。

本病应与牛出败、结核病相区别。牛出败时，病情经过迅速，病程较短，伴有咽喉部急性肿胀，全身败血症病变明显。但脾脏不肿大，血液或脏器涂片可检出巴氏杆菌。牛结核病可通过结核菌素点眼或皮内反应进行鉴别。

【防治】

我国已在全国范围内消灭了牛传染性胸膜肺炎。目前应加强口岸检疫，严禁从染疫国家或地区输入任何牛只，防止再次传入。

一旦发现本病，应立即上报，并严格采取封锁、检疫、扑杀、消毒等措施。为防止疫情扩散，对疫区未发病的牛进行牛肺疫氢氧化铝菌苗免疫接种，其免疫效果确实、可靠，对扑灭该病发挥重要作用。

处方1 牛肺疫氢氧化铝菌苗，成年牛2毫升，6 ～ 12月龄犊牛1毫升，肌内（臀部）注射，免疫期1年。

处方2 头孢噻呋钠纯粉以5 ～ 10毫克/千克体重计、5%葡萄糖注射液2 000毫升，一次静脉注射，连用5天。

处方3 阿米卡星30毫升，肌内注射，连用7天。

处方4 硫酸链霉素400 ～ 600国际单位，肌内注射，连用7天。

处方5 紫花地丁90克、黄芩60克、苦参60克、生石膏60克、甘草18克，共研细末，开水冲调，候温灌服，每天2次，连用3天。

十一、炭　疽

炭疽是由炭疽杆菌引起的一种急性、热性、败血性传染病。该病人畜共患，草食动物易感，特别是牛、绵羊，而绵羊、山羊可互相传染。其病理变化的特征是发生败血症，脾脏显著肿大，皮下和浆膜下结缔组织见出血性胶样浸润，血液凝固不良，天然孔出血，尸僵不全。

【病原】

炭疽病原为炭疽杆菌，革兰氏染色阳性的粗大杆菌，无鞭毛，有明显的荚膜，在体外可形成芽孢。

此菌抵抗力不强，在60℃条件下30～60分钟便被杀死。但其芽孢具有极强的抵抗力，在干燥情况下可存活12年以上，在掩埋病死尸体的土壤里可保存活力数十年，高压灭菌15分钟或湿热消毒100℃经5～10分钟方可杀死其芽孢，10%甲醛溶液和10%氢氧化钠溶液也可杀死芽孢。该菌对青霉素、四环素和磺胺类药物敏感。

【流行病学】

本病牛易感，夏秋多雨季节多发，呈散发或地方性流行。病牛是主要的传染源，被污染的饲草和水源及用具、土壤等均可传播本病。本病可经消化道或皮肤、黏膜创伤感染，也可经昆虫叮咬和呼吸道感染。

【临床症状】

本病潜伏期1～5天，最长可达14天。

急性型　占多数。病牛体温升高至40～42℃。精神沉郁，食欲废绝，呼吸困难，可视黏膜发绀，全身战栗。初便秘，后腹泻带血，有的出现血尿；有的出现神经症状，兴奋或抑制；有的出现瘤胃臌气及孕牛流产。濒死期体温下降，天然孔出血。病程达数小时至2天。

亚急性型　病牛症状与急性型相似，但病程较长，达2～5天。常在体表各部，如喉咙、颈、胸前、腹下、肩胛、乳房等处皮肤，以及直肠、口腔黏膜等处发生局部肿胀。初热痛、硬固，后冷而不痛，呈捏粉状，指压留痕，可发生坏死和溃疡，称为炭疽痈。

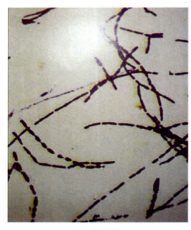

炭疽杆菌

病死牛腹围膨大、肛门外翻，肠内容物血样

（杨磊）

【病理变化】

患炭疽病或疑似炭疽病牛严禁解剖。只有在严格的个人防护、隔离、消毒并具有就地深埋或焚烧的条件下方可剖检。

病理变化具有典型的败血症特点，尸体腐败迅速，尸僵不全，腹部臌胀，皮下有出血性胶冻样浸润。肠黏膜有出血和溃疡。全身淋巴结明显肿大、出血，切面多汁。脾脏特别肿大，可肿大几倍，质软而充满脾髓和血液，切面暗红，呈败血脾。心包和心内外膜有出血点，胸腹腔有血样渗出物。

【诊断】

根据特征性的临床症状和病理变化可作出初步诊断，必要时涂片镜检和做环状沉淀反应。

涂片镜检时，可取末梢血液涂片后用瑞氏染色或亚甲蓝染色，镜检可发现单个、成对或短链状有荚膜的粗大杆菌。

环状沉淀反应是把病理组织的浸出液与特异性炭疽沉淀血清重叠，二液接触面可产生灰白色沉淀环，这是快速简便诊断炭疽的方法。

【防治】

病牛和疑似病牛应立即隔离封锁，并及时上报有关部门。严禁剖检尸体，应就地深埋或焚烧。病牛接触过的用具和地面要彻底消毒。若处理不当，则很容易成为长久疫源地。可用20%漂白粉液或10%氢氧化钠溶液连续消毒3次，每次间隔1小时。污染过的地面应除去表土（厚15～20厘米），并与上述消毒液混合后深埋。

定期对牛进行预防接种，用无毒炭疽芽孢苗皮下注射1毫升，或用Ⅱ号炭疽芽孢苗行皮下注射1毫升，免疫期为1年。

处方1　抗炭疽高免血清200毫升，静脉注射，12小时后重复1次。青霉素钠400万国际单位或头孢噻呋钠1～2克，肌内注射，每天2次，连用5天。

处方2　青霉素钠400万国际单位、链霉素400万国际单位，肌内注射，每天2次，连用3～5天。磺胺间甲氧嘧啶20毫升，肌内注射，每天1次，连用3～5天。

十二、气 肿 疽

气肿疽又称黑腿病，是由气肿疽梭菌引起的反刍动物的急性、热性、败血性传染病。其特征为突然发病，在肌肉丰满处发生炎性、气性肿胀，按压有捻发音，患部皮肤暗黑色，伴发跛行。

【病原】

气肿疽梭菌属严格厌氧菌，菌体较大，两端钝圆，周身有鞭毛，在体内、外均能形成芽孢，革兰氏染色阳性。本菌繁殖体对外界抵抗力不强，但芽孢抵抗力很强，在土壤中可存活5年以上，在干燥病料中可生存10年以上，在液体中的芽孢可耐受20分钟的煮沸，芽孢在3%的福尔马林溶液中经15分钟可被杀死。

【流行病学】

本病主要感染牛，尤其是6个月至3岁营养良好的牛易感染。

病畜是主要传染源，被污染的土壤是主要的传播媒介，芽孢可长时间存在于土壤中。牛的自然感染，一般是由饲料或饮水中混有病菌的泥土所致，通过消化道感染。

本病单发或呈地方性流行，天气炎热或多雨季节多发。

【临床症状】

本病潜伏期3～5天，最短1～2天，最长7～9天。发病多为急性经过，体温升高达41～42℃，精神沉郁，食欲废绝，反刍停止。早期出现跛行，继而在臀、股、腰、背和颈胸等肌肉丰满部位发生无明显界限的炎性、气性肿胀。初热而痛，后来中央变冷无痛，患部皮肤干、硬、色暗黑，触诊有捻发音，叩诊呈鼓音，附近淋巴结肿大。随着病情发展，呼吸困难，脉搏快而弱，体温下降，随即死亡。一般病程1～3天，或延长至10天。若病变在舌部，则舌肿大、变黑并伸出口外；喉部发病时，则腮肿胀，喉头周围组织变黑。

左肩前病变，触诊捻发音

左颈部病变，触诊捻发音

病死牛肛门周围皮肤肿胀、外翻

（杨磊）

【病理变化】

尸体迅速腐败，由于瘤胃臌气而至直肠突出，又因肺脏水肿而使鼻孔流出血样泡沫。患部肌肉炎性、气性水肿，呈海绵状，并流出暗红褐色酸败味液体，皮下有黄色胶样浸润。淋巴结肿胀、出血。

【诊断】

根据流行病学、临床症状和病理变化可作出初步诊断，必要时可进行实验室诊断。应注意与炭疽、牛出血性败血症（牛出败）和恶性水肿相区别。

炭疽 局部为炎性水肿，不产生气体，无捻发音。死后尸僵不全，迅速膨胀。血液凝固不全，呈黑红色。脾脏肿大2～5倍。炭疽沉淀反应呈阳性。

牛出败 咽喉部炎性水肿，不产生气体，呼吸困难，常有纤维素性胸膜肺炎症状和相应的剖检变化。

恶性水肿 因创伤引起，多因去势、剪毛、分娩等有创伤感染时发生。创伤局部呈急性、炎性、气性水肿，切开有特殊恶臭，皮下气肿不明显。临床上，牛发病较少，而绵羊易感。

【防治】

预防接种，每年春、秋两季预防接种。选用气肿疽明矾（或甲醛）菌苗，6月龄以上每次5毫升，皮下注射。

处方1 抗气肿疽高免血清，每次200毫升，静脉滴注。注射用青霉素钠800万国际单位、注射用水30毫升，肌内注射，每天2次，连用5天。

处方2 1%地塞米松注射液3毫升、10%安钠咖注射液30毫升、5%葡萄糖生理盐水3 000毫升，静脉滴注。

处方3 普鲁卡因30毫升溶解青霉素400万国际单位，在肿胀周围作环状皮下分点注射。磺胺间甲氧嘧啶注射液，其用量以50毫升／千克体重计，肌内注射，每天2次，连用5天。

处方4 当归30克、赤芍30克、连翘30克、双花60克、甘草10克、蒲公英120克，共研为末，开水冲泡候温灌服，共3剂。

十三、布鲁氏菌病

布鲁氏菌病简称布病，是由布鲁氏菌引起的人畜共患病。其特征是生殖器官和胎膜发炎，引起流产、不育和一些组织器官的局部病灶。

除北欧、西欧、加拿大、澳大利亚、新西兰等少数国家和地区外，本病广泛分布于世界各地，引起不同程度的流行，给养殖业和人类健康带来了严重危害。

【病原】

在我国，布鲁氏菌病主要由布鲁氏菌引起。病菌为革兰氏染色阴性短小杆菌，巴氏灭菌法10～15分钟可杀灭本菌，1%来苏儿、2%甲醛、5%生石灰乳15分钟或阳光直射0.5～4小时均可杀死本菌。但是，该病菌在干燥的土壤内可存活37天，在粪水中、冷暗处、胎衣和胎儿体内能存活4～6个月。

布鲁氏菌对青霉素不敏感，对氨基糖苷类抗生素的阿米卡星、卡那霉素、庆大霉素以及四环素类抗生素的多西环素等敏感。

【流行病学】

各种布鲁氏菌对相应的动物都具有最强的致病性。羊布鲁氏菌对羊和人致病力较强，成年羊比羔羊易感，母羊比公羊易感，尤其是孕羊。同样，牛布鲁氏菌对黄牛、水牛、牦牛和人的致病性较强，成年牛特别是孕牛易感性更高。

病牛和带菌动物（包括野生动物和狗）可通过胎儿、羊水、胎衣、流产后的阴道分泌物、乳汁、精液、饲草、饮水等进行传播。

消化道是其主要传播途径，其次可经皮肤、黏膜、交配和吸血昆虫传染。

牛感染布鲁氏菌后首先会有一个菌血症的阶段，但病原菌在血液内的时间较短。这些病原菌只有一部分被吞噬消灭，大部分都会在它所适于生长的部位停留，从而形成新的病灶，特别是在胎盘、胎儿和胎衣组织中生存繁殖。其次，在关节、滑液囊、腱鞘、睾丸、附睾、精囊、乳腺等处驻留。在布鲁氏菌增殖过程中，牛胎盘绒毛会出现坏死，并渐进性增强，可使母体与胎儿胎盘慢慢分离，最终引发流产。患牛发生流产，但多数只流产1次，并呈现胎衣滞留、子宫炎、关节肿大、睾丸炎等症状。

【临床症状】

本病潜伏期较长，一般为2周左右，有的可达半年以上，常呈隐性经过，多不表现症状。在临床上，有时能见到的症状是流产，流产常发生在妊娠后6～8个月。流产前，阴唇、乳房肿胀，阴道黏膜潮红、水肿，阴道流出灰白色黏性分泌物。若是早期流产，胎儿在产前已经死亡。发育较完全的胎儿，产出时为弱胎，1～2天便死亡。牛常有胎衣滞留，尤其是怀孕后期流产的；病变胎盘的坏死组织被新生的肉芽组织所取代，这称为"机化"，坏死组织由于机化而形成的肉芽组织，使胎儿胎盘与母体胎盘之间紧密结合，这是导致流产后胎盘常常滞留不下的原因。布鲁氏菌除因在胎盘、胎儿和胎衣组织中特别适宜生存繁殖而致流产外，在临床上常见到的症状还有关节肿胀疼痛。牛往往是膝关节、跗关节及腕关节患病，滑液囊炎特别是膝滑液囊炎较为常见。其次，在临床上还能见到睾丸和附睾肿大，触之坚硬。而乳牛常能见到的病症是乳腺炎，乳腺组织有结节性硬块。

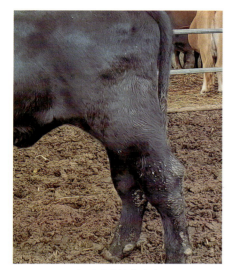

左后肢跗关节肿大

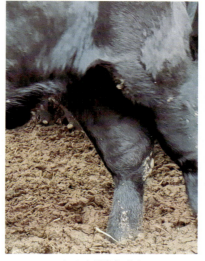

右后肢跗关节肿大

后肢跗关节肿大

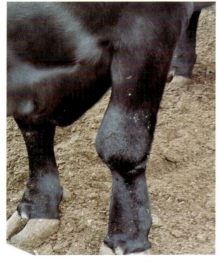

左前肢腕关节肿大

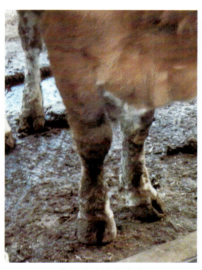

右前肢腕关节肿大

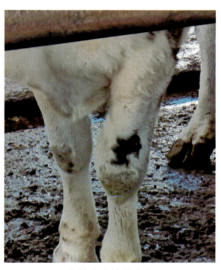

左前肢腕关节肿大

右前肢腕关节肿大

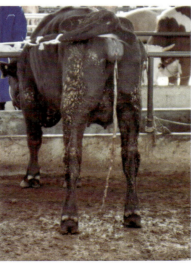

流产后胎衣不下

流产后胎衣滞留，剥离后呈败血症状的胎衣

流产后胎衣滞留不下，经人工剥离的胎衣

阴道排出的恶露

产前已经死亡的早期流产胎儿

早产胎儿

第二天死亡的流产弱胎儿

【病理变化】

　　子宫绒毛膜间隙中有灰色或黄绿色脂肪状渗出物，绒毛膜上有坏死灶和坏死物。胎膜水肿并附有纤维素和脓汁。死胎呈败血症变化，皮肤、浆膜与黏膜具多发性出血斑点，皮下结缔组织浆液呈出血性浸润，胎儿浆膜腔内有淡红色液体，混有纤维蛋白凝块。肝、脾、淋巴结弥散性肿大。肺有肺炎病变。

　　睾丸和附睾可能有化脓灶和炎性坏死灶，精囊内有时有出血点和坏死灶。

【诊断】

　　从流行病学、临床症状和病理变化可作出初步诊断。但由于有的呈隐性感染，在大群检疫时，常用布鲁氏菌虎红平板凝集试验和试管凝集试验来诊断。

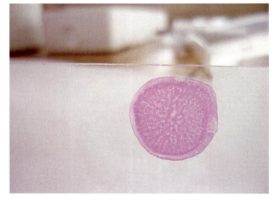

布鲁氏菌虎红平板凝集试验

【防治】

自繁自养。若引入种畜，应严格检疫，隔离45天，经2次凝集反应试验均为阴性者方可混群。

畜群每年检疫4次，发现阳性者立即淘汰，直至检不出布鲁氏菌病，视为布鲁氏菌病假定健康群。以后每半年全群检测1次，连续2次检测布鲁氏菌病阴性，可视为布鲁氏菌病净化群。之后每半年检测1次，每次抽检10%。非免疫牛6月龄检测布鲁氏菌病，孕牛在产后0.5个月检测布鲁氏菌病，免疫牛于接种12个月后检测布鲁氏菌病。

在严重流行区，采取免疫-检疫-扑杀和移动控制。在一般流行区，采取检疫-扑杀和移动控制，在部分流行较为严重的地方，经上报批准同意后可考虑免疫。在散发流行区，采取检疫-扑杀，动物仅允许从低流行区向高流行区流动。在净化区，禁止免疫。一类地区可用牛布鲁氏菌基因缺失活疫苗（A19-AVirB12株）或牛布鲁氏菌活疫苗19号菌苗对3～8月龄牛进行2次皮下注射，必要时可在12月龄（即第一次配种前一个月）再低剂量接种1次，以后可根据牛群布鲁氏菌病流行情况决定是否再进行接种。不可用于孕牛。

布鲁氏菌病是人畜共患病，圈舍内外需经常性严格消毒。在饲养管理、接胎和防疫等工作中，应注意消毒和个人防护。由于本病多数为隐性，也易传染人，一般情况下无治疗价值。一旦发现病牛，应立即作淘汰处理。若有特殊价值的种牛，应在严密隔离下进行治疗。布鲁氏菌病属菌血症，治疗一般几个疗程，重症者需10多个疗程。

因布鲁氏菌属革兰氏阴性菌，在治疗时，可分别选用联磺甲氧苄啶、复方磺胺甲噁唑、盐酸多西环素、四环素、硫酸阿米卡星、大观霉素、林可霉素、酒石酸泰乐菌素、环丙沙星、头孢噻呋钠、氨苄西林钠等药品进行治疗。

十四、巴氏杆菌病

巴氏杆菌病是由多杀性巴氏杆菌引起的一种急性、热性传染病。本病在牛多发。临床上以高热、肺炎、急性胃肠炎为特征，而其他脏器仅表现为水肿和淤血，有小点出血，特别是脾不肿大，并不完全出现出血性败血症的特征。

【病原】

多杀性巴氏杆菌为革兰氏染色阴性短杆菌，病理材料涂片用瑞氏染色或姬姆萨染色呈明显的两极浓染。除多杀性巴氏杆菌外，溶血性巴氏杆菌有时也是本病的病原。

巴氏杆菌抵抗力不强，在60℃条件下10分钟内即可被杀死，阳光直射下10分钟可将其灭活，干燥空气中2～3天死亡。该菌在一般消毒剂中，如3%苯酚或福尔马林、10%石灰乳、2%来苏儿及0.5%～1%氢氧化钠液，经1～2分钟即可灭活。

【流行病学】

巴氏杆菌病一年四季均可发生，多散发，有时呈地方性流行。牛较易感。病牛和带菌的动物为主要传染源。健康牛上呼吸道也可能带菌。本病可通过消化道、呼吸道传染，也可经损伤的皮肤、黏膜和吸血昆虫叮咬感染。健康带菌动物在机体抵抗力降低时可发生内源性感染。气候剧变、闷热潮湿、拥挤、通风不良、营养不良、长途运输应激、寄生虫病感染等均可诱发本病。

【临床症状】

牛巴氏杆菌病又称牛出血性败血症，潜伏期2～5天。

败血型 突然发病，体温升高至41～42℃。精神沉郁，食欲降低，反刍停止，眼结膜潮红，呼吸加快且困难。有时鼻流带血泡沫，稍后发生腹泻，粪中混有黏液或血液，腹泻后体温下降，并很快死亡。

水肿型 此型最常见，因大量流涎，俗称"清水喉"或"清水症"。除发热等全身症状外，病牛喉头、颈部皮下炎性水肿，重症可扩展到前胸。肿胀处初期硬固热痛，后渐变软、波动和热痛减轻。由于舌咽高度肿胀，导致吞咽困难、呼吸困难及大量流涎。病牛常因窒息而死。

肺炎型 病变呈纤维素性胸膜肺炎变化，表现为明显的呼吸困难、鼻翼扇动、腹式呼吸、痛性干咳，听诊有支气管呼吸音和啰音，有的后期伴有带血腹泻。病程为3天至1周。

临床上，败血型、水肿型、肺炎型常见混合感染，较少以单一类型呈现。

慢性型 少见，由急性渐变而来，病牛长期咳嗽和腹泻。

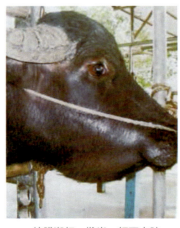 

结膜潮红、发炎，颌下水肿　　　口流泡沫样黏液
（陈红）

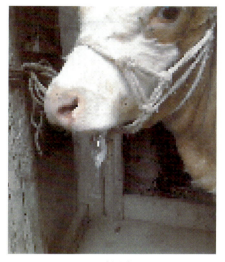

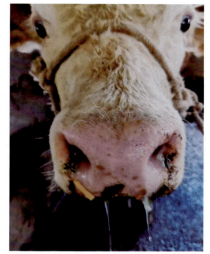

口流涎液　　　　　　　　　病牛突然死亡，死后肚腹臌胀　　　　　　　鼻流黏液性鼻液

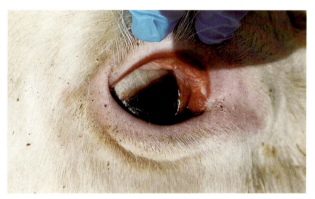
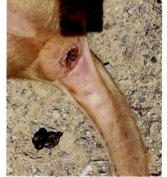

眼结膜出血、发炎　　　　　　　　　　　　腹部臌胀，肛门外翻出血

【病理变化】

病牛剖检可见如下病理变化。

败血型　无特征性病变。各脏器黏膜、浆膜呈广泛性点状出血，胸腹腔内有大量渗出液，淋巴结水肿、出血。

水肿型　除有败血型病变外，还表现为颈和咽喉部水肿，皮下胶样浸润，切开有黄色透明液体流出。

肺炎型　主要为纤维素性胸膜肺炎病变。胸腔内有大量纤维素性渗出液，肺充血、出血。肝变，切面呈大理石样。

颌下淋巴结严重出血　　　　　　　　　　　颌下淋巴结水肿

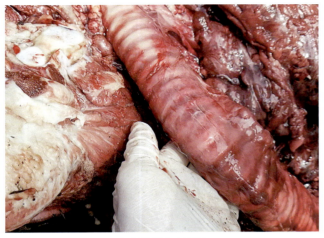

气管浆膜出血严重

气管内充满泡沫状炎性分泌物

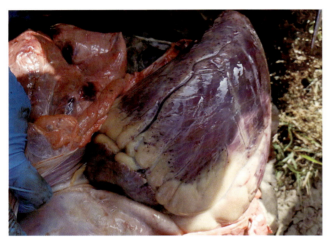

心肌严重出血，冠状沟脂肪变性

心内膜出血，心腔内淤血

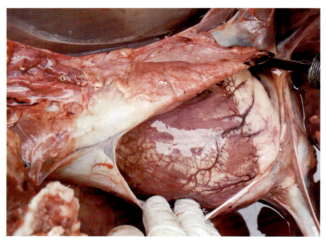

心脏肥大，心肌严重出血

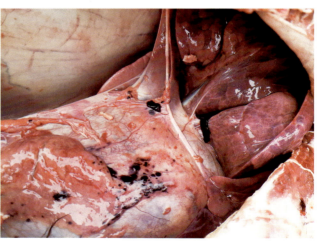

心包膜出血

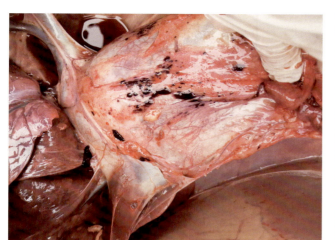

肺叶和心包膜粘连

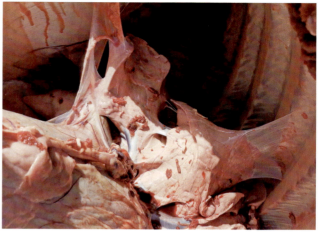

肺组织和肋胸膜粘连

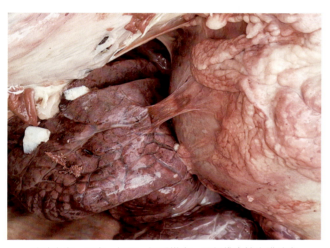

肺脏出血、肝变、坏死，间质增宽，呈纤维素性胸膜肺炎

肺组织间质增宽，充血、出血、坏死、肝变

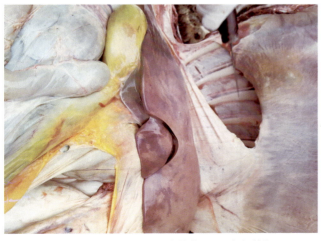

胆囊肿大，胆汁充盈，胆汁外溢，周围组织黄染

肾脏皮质、髓质出血严重

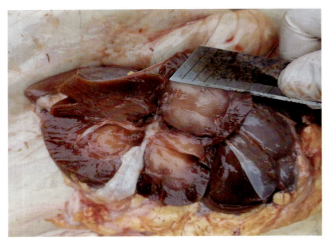

肾脏皮质、髓质出血

肠系膜出血

【诊断】

根据流行病学、临床症状和病理变化可作出初步诊断。将病牛肺、肝和胸腔液涂片用碱性亚甲蓝染液或瑞氏染液染色后镜检，见有两端明显着色的椭圆形小杆菌，即可确诊。

【防治】

加强饲养管理，改善卫生条件，合理分群，定期消毒，及时驱虫，避免各种应激因素的刺激，发现病牛要立即隔离治疗。

处方1 注射用头孢噻呋钠2克、磺胺间甲氧嘧啶20毫升，分别肌内注射，每天1次，连用3～5天。

处方2 青霉素用量以5万～10万国际单位/千克体重计、链霉素以10～15毫克/千克体重计，肌内注射，每天2次，连用3天。

处方3 20%长效土霉素注射液用量以0.1毫升/千克体重计，肌内注射，每天1次，连用5天。

处方4 5%氟苯尼考注射液用量以5～20毫克/千克体重计，肌内注射，每天1次，连用5天。

处方5 注射用硫酸卡那霉素注射液20毫升配注射用盐酸多西环素注射液20毫升，肌内注射，每天1次，连用5天。

处方6 磺胺甲氧苄啶注射液20毫升配头孢噻呋钠2克，氟苯尼考注射液20毫升，分别肌内注射，每天1次，连用5天。

处方7 复方磺胺甲噁唑注射液20毫升、阿米卡星注射液20毫升，分别肌内注射，每天1次，连用5天。

十五、李氏杆菌病

李氏杆菌病是人和多种家畜都可发生的一种人畜共患传染病。临床上主要以脑膜脑炎，尤以头部一侧性麻痹、败血症、流产为特征。

【病原】

李氏杆菌病是胞内寄生性李氏杆菌。本菌为革兰氏染色阳性的细长杆菌，在血液抹片中以单个或两个排成V形或相互并列，无荚膜和芽孢。

本菌在自然界中广泛存在，对盐、碱、热的耐受性较大，但对一般消毒剂抵抗力不强。本菌对链霉素、新霉素敏感，对四环素类、氯霉素和磺胺类药物敏感，但易产生耐药性。

【流行病学】

绵羊多发本病，牛、山羊也可发生，任何年龄的肉牛都能够感染发病，而幼龄牛和孕牛最为易感，且往往呈较急性发病。

病畜和带菌动物是主要的传染源，可通过消化道、呼吸道及损伤的皮肤传播。饲料和饮水是重要的传染媒介。老鼠也是本病的传播疫源。

李氏杆菌病是地方流行性或散发性传染病，但致死率高。一年四季均可发生，但以冬、春季节多见。

【临床症状】

潜伏期短的只有几天，长的可达2个月，一般为2～3周。犊牛可发生败血症，发病急、病程短、死亡率高；较大的牛呈脑膜脑炎，病程达1～3周；孕牛多发生流产。病牛以神经症状为主，轻热，流涎，流鼻涕。病牛采食、咀嚼以及吞咽出现困难，部分在一侧口颊积聚没有嚼烂的草料。头部呈一侧性麻痹，弯向对侧，该侧耳下垂、眼半闭，沿头的方向做转圈运动，遇障碍物则头抵于其上。部分病牛舌头伸出后由于麻痹而不能收回，共济失调。重症患牛会出现阵发性痉挛，有白沫从口中流出。若卧地于一侧而不改变，即使强行翻身，又很快翻转过来，继而病牛卧地不起呈昏迷状态。孕牛常发生流产，但一般不伴发神经症状。幼犊常伴发败血症。

出现神经症状，向一侧做转圈运动

采食、咀嚼及吞咽困难，在一侧口颊积聚没有嚼烂的草料

【病理变化】

有神经症状的病牛，脑和脑膜充血、水肿，脑脊液增多。流产母牛可见子宫内膜充血和坏死，胎盘子叶常见出血和坏死。流产胎儿自体溶解，肝脏上有大量小坏死灶，呈败血症。

【诊断】

根据特殊的神经症状，特别是头部一侧性麻痹等症状或孕牛流产及病理变化可作出初步诊断。确诊需进行病原的分离鉴定，将血液涂片革兰氏染色后镜检，如见革兰氏染色阳性、呈V形排列或两端钝圆的小杆菌，即可作出诊断。

诊断时，应与多头蚴病相区别。多头蚴病是因脑受压迫而发生转圈或斜走及视力障碍，但体温不高，病程缓慢，剖检可见脑多头蚴，不传染给其他牛，与本病不同。

【防治】

李氏杆菌病尚无有效疫苗，为此应严格检疫制度，不从疫区引入牛。由于本病是人畜共患病，因此要注意个人的防疫保护。加强饲养管理和环境消毒，隔离治疗病牛，消灭鼠类及驱除寄生虫，均是预防本病的重要措施。

处方1 注射用青霉素钠400万国际单位、注射用链霉素200万国际单位，一次肌内注射，每天2次，连用5天。注射用头孢噻呋钠2克、5%葡萄糖生理盐水1 000毫升，一次静脉滴注，每天1次，连用5天。

处方2 复方氯丙嗪注射液500毫克，一次肌内注射（适用于有神经症状的病牛）。阿米卡星300万国际单位，肌内注射，每天2次，连用5天。10%磺胺间甲氧嘧啶注射液20毫升，肌内注射，首次用量加倍，每天2次，连用5天。

处方3 庆大霉素注射液20毫升，一次肌内注射，每天2次，连用3～5天。注射用青霉素钠200万国际单位，注射用阿米卡星20毫升，肌内注射，每天2次，连用5天。

处方4 氨苄西林2克、10%磺胺嘧啶钠20毫升，分别肌内注射，每天2次，连用5天。

处方5 注射用头孢噻呋钠2克配黄芪多糖注射液20毫升，卡那霉素2克，黄芩、黄连、龙胆草注射液20毫升，分别肌内注射，连用5天。

处方6 12%复方磺胺甲噁唑60毫升，肌内注射，每天2次，连用5天，首次量加倍。

十六、坏死杆菌病

坏死杆菌病是由坏死梭杆菌引起的一种慢性传染病。其临床以组织坏死，特别是在蹄部、皮肤、皮下组织和消化道黏膜的坏死，并以在内脏形成转移性坏死灶为特征。

【病原】

坏死梭杆菌为多型性杆菌，革兰氏染色阴性，呈丝状、短杆状或球状，瑞氏染色呈淡蓝色着色不匀、串珠样丝状杆菌。本菌无荚膜和芽孢，为严格厌氧菌，能产生内、外两种毒素。

本菌对理化因素抵抗力不强，对常用消毒剂和热敏感。1%高锰酸钾溶液、2%福尔马林溶液、5%来苏儿等经15分钟可将其杀死，60℃条件下30分钟或煮沸1分钟即可死亡。但是，在污染的土壤或粪尿中存活时间可达10～50天。

【流行病学】

牛最易感，特别是奶牛。病牛和带菌动物是主要传染源。可经损伤的皮肤、黏膜感染，也可经血液散播全身。

坏死杆菌在自然界中分布很广，是条件性病原菌。本病诱因较多，特别是多雨潮湿、场地拥挤、泥泞、炎热季节、圈舍污秽和创伤等均可使本病传播。本病发生不分季节，以散发居多，但临床上有时也见地方性流行。

【临床症状】

本病潜伏期1～3天。常见的有腐蹄病、坏死性口炎（白喉）和内脏器官的坏死性转移灶。

腐蹄病　以成年牛多见。病初大多为一侧肢体患病，病肢不敢负重、跛行。急性和重症者有时有全身症状，如体温升高、食欲减退。叩、压患部时有疼痛感。蹄间隙、蹄踵、蹄冠表现为红肿、热痛。蹄底可见小孔或创洞，内有腐烂角质和污黑的臭液流出，蹄的其他部分也可见到此种变化。病程长者可致蹄壳变形。当趾间、蹄冠、蹄缘、蹄踵出现蜂窝织炎时，则发生脓肿、溃烂和皮肤坏死，并流出脓性分泌物。坏死也可波及肌腱、韧带、关节和骨。重症病例由于炎症可引起深部组织坏死、蹄匣脱落，病牛卧地不起，全身症状恶化，可发生脓毒败血症死亡。

牛蹄溃烂

蹄间隙、蹄踵、蹄冠表现为红肿、热痛

蹄叶炎、蹄深部组织感染形成化脓灶

病初大多为一侧肢患病，蹄底可见创洞

慢性病牛的坏死组织与健康组织界限明显，真皮乳头露出，出现红色颗粒肉芽，触之易出血，跛行加剧。病程长者，患部角质脱落，蹄深部组织感染形成化脓灶。

坏死性口炎　犊牛可发生坏死性口炎。病初体温升高，流涎，口腔黏膜潮红，在齿龈、舌、上颚、颊和咽喉处可见灰白色假膜，假膜脱落后露出溃烂面。发生在咽喉处则颌下水肿，致吞咽和呼吸困难。病变若在内脏形成转移病灶，特别是肺部或肝脏，则常导致死亡。病程为数天至3周。

病牛跛行，蹄底有创洞，内有腐烂物质

【病理变化】

患腐蹄病的病牛，在蹄部可见明显的病变症状。而多数死于本病的患牛，除体表可见病变外，一般在内脏也有蔓延性或转移性的坏死灶。剖检可见肺脏实变，有大小不等的白色坏死病灶，切面可见脓肿和化脓性胸膜肺炎。肝脏肿大，呈土黄色，有很多灰白色、周围有红晕、界限分明的坏死病灶。有时心肌和瘤胃黏膜上也可见坏死病灶。

【诊断】

根据发病特点和症状可作出初步诊断。必要时，可从患牛的病灶与健康组织的交界处采集病理材料进行涂片，革兰氏染色或瑞氏染色后镜检。如果发现有革兰氏染色阴性，呈丝状、短杆状或球状的细菌，即可确诊；瑞氏染色可见淡蓝色、着色不匀的串珠样丝状杆菌。

【防治】

关键在于避免皮肤、黏膜和蹄部损伤，保持圈舍、环境的清洁和干燥，饲喂配合饲料。定期修剪和清洗牛蹄。

治疗采取局部治疗为主，辅以全身治疗。局部治疗时，应首先用消毒药液清洗患部，清除坏死组织，再涂敷抗生素或中药药膏、药粉。蹄部可用5%～10%硫酸铜溶液进行脚浴。全身治疗时，宜用头孢抗生素、四环素类抗生素、磺胺类药物肌内注射。

处方1 对坏死性口炎病牛，先剥去假膜，用0.1%高锰酸钾液适量冲洗后涂碘甘油，每天2次，直至痊愈。

处方2 1%高锰酸钾溶液或2%来苏儿，60～70℃条件下温热蹄浴。准备10%碘酊100毫升、碘仿磺胺粉20克、松馏油100毫升，修蹄清创后涂碘酊、撒碘仿磺胺粉、涂擦松馏油，再用绷带包扎蹄部。

处方3 青霉素钠100万国际单位或头孢噻呋钠1克、注射用阿米卡星20毫升，肌内注射，每天1次，连用5天。

处方4 土霉素以20毫克/千克体重计、10%复方磺胺嘧啶注射液20毫升，分别肌内注射，每天2次，连用3～5天。

十七、大肠杆菌病

大肠杆菌病是由致病性大肠杆菌引起的多种动物不同疾病和病型的统称，是较为常见、多发的传染病之一，可给养殖业带来严重损失。其临床特征为腹泻、败血症和肠毒血症等。

【病原】

大肠杆菌病病原为大肠杆菌科埃希菌属中的大肠杆菌，是革兰氏染色阴性、两端钝圆的中等大小的杆菌。大肠杆菌有许多血清型，不同地区或同一地区不同场（群）的优势血清型也不尽相同，而使犊牛致病的多带有K99抗原。

大肠杆菌对热的抵抗力较强，需在60℃条件下经30分钟方可将其杀灭。在潮湿温暖环境中能存活近1个月，在寒冷干燥的环境中生存时间更长，在自然界水中能存活数周至数月。对消毒剂抵抗力不强，常用消毒剂在短时间内即可将其杀灭。

大肠杆菌对很多抗生素的敏感性随着抗菌药物在养殖业和临床上的广泛应用而逐渐降低，耐药性也越来越强。

【流行病学】

不同品种和年龄的牛对致病性大肠杆菌都有易感性，尤其是出生后10天内的犊牛最易感，尤其是2～3日龄的刚出生犊牛多发。

本病呈地方性流行，冬、春季舍饲期间多发。气候不良、场地潮湿污秽、未能及时吸吮初乳等均可促使本病发生。病牛和隐性感染的带菌牛是本病的主要传染源，犊牛可通过污染的草料、饮水及工具等经消化道感染。此外，饲料突然改变、饲养密度过大、通风不良、消毒不严等因素均可诱发本病。

【临床症状】

犊牛大肠杆菌病潜伏期短，一般为几小时至十几小时。临床上分为败血型、肠毒血型和肠型。

败血型　犊牛表现发热，精神沉郁，偶有腹泻。发病急，常于症状出现后数小时至1天内死亡。病死率可高达80%以上。病尸常无明显的病理变化。

肠毒血型　较少见，常突然死亡。病程稍长者可见到肠毒血症的中毒性神经症状，先兴奋后沉郁，继而昏迷而死。病牛排出黄白色带血稀便，经一段时间后粪便呈水样。粪便中混有泡沫和血凝块，有酸臭味。病死率一般为10%～50%。

肠型　此型在临床上多见。病初体温升高达40～40.5℃，精神委顿。随后出现腹泻，粪便初呈黄色粥样，后呈灰白色水样，内含气泡、凝乳块和血块，有酸臭味。后期病犊排便失禁，里急后重，腹痛。

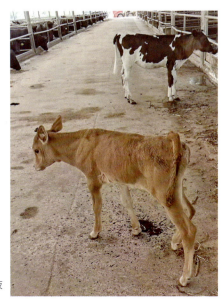

腹泻，粪便带血和黏液

粪便呈浅灰色、白色

粪便稀薄，呈灰黄色，内含血块和黏膜

粪便呈灰黄色水样，内含气泡和凝乳块

严重脱水，眼眶深陷

【病理变化】

败血型犊牛大肠杆菌病和肠毒血型犊牛大肠杆菌病病牛剖检有时无明显病理变化。肠型大肠杆菌病例呈急性胃肠炎病理变化，真胃内容物呈灰黄色液状，内含凝乳块，真胃黏膜充血、出血、水肿，肠腔内含有血色气泡的液体。肠系膜淋巴结肿大、充血，切面多汁。肝、肾可见出血点。胆囊内胆汁充盈、黏稠，呈暗绿色。

小肠内有气体和稀薄的内容物

肠系膜淋巴结水肿，肠系膜血管充血

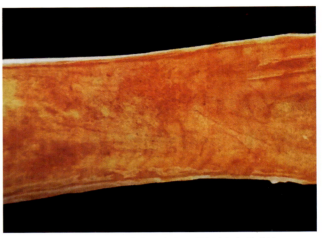

肠型犊牛小肠黏膜充血、出血，附有淡红色的黏液
（陈怀涛）

【诊断】

根据流行病学、临床症状和病理变化，同时采取心血、肝、肺进行涂片和触片检验。革兰氏染色后镜检，如见两端钝圆、单个或成对排列的革兰氏染色阴性的中等大肠杆菌，即可作出诊断。

犊牛大肠杆菌病应与沙门氏菌引起的犊牛副伤寒（又称犊牛沙门氏菌病）相区别。犊牛副伤寒以败血症、肠毒血症或胃肠炎为主要特征，且特别是1月龄左右的犊牛最易感。

【防治】

大肠杆菌是条件性致病菌，因此预防本病主要是切实加强饲养管理。首先是加强孕牛的饲养管理，以利于胎儿的发育。定期对产房消毒，注意犊牛的保暖，并及时让犊牛吸吮初乳。一旦发现病犊，及时隔离病牛，做好场地消毒。

由于本病对抗菌药物易产生耐药性，因此临床治疗时要选用平时不常用的抗菌药物。

处方1 口服补液盐：氯化钠35克、氯化钾15克、碳酸氢钠25克、葡萄糖粉200克、温水1 000毫升。

处方2 5%氟苯尼考注射液，其用量以10～20毫克/千克体重计，肌内注射，每天1次，连用5天。

处方3 恩诺沙星注射液10～20毫升、清开灵注射液10～20毫升，分别肌内注射，每天2次，连用3天。

处方4 硫酸庆大小诺霉素注射液20万国际单位、5%维生素B注射液2～4毫升，肌内注射，每天2次，连用3天。

处方5 环丙沙星注射液10～20毫升、乙酰甲喹注射液5～10毫升，分别肌内注射，连用3～5天。病情严重者，第二个疗程时用恩诺沙星注射液10～20毫升、土霉素注射液10～20毫升，分别肌内注射，连用3～5天。

处方6 黄芪60～90克、附子3～6克、白术30～60克、甘草15克，水煎，每天灌服1剂，连用3～5剂。

处方7 可采用大群拌料和饮水中加药方法辅助治疗。可适当选用白头翁散或三黄止痢颗粒进行大群拌料，在饮水中适量加入硫酸黏菌素可溶性粉5～7天，也可取得良好效果。

十八、牛沙门氏菌病

牛沙门氏菌病又称犊牛副伤寒，是由沙门氏菌属中不同菌株感染后而引起的多种疾病的总称。临床上，以败血症、胃肠炎及其他组织的局部炎症为特征，也可使怀孕母牛发生流产。

沙门氏菌病在世界各地广泛分布，对人和家畜的健康构成了严重的威胁。特别是某些宿主范围广的菌株，不但能引起人和动物感染发病，还能因污染食品而造成人的食物中毒。

【病原】

沙门氏菌为肠杆菌科沙门氏菌属中的一群兼性厌氧、生化特性和抗原结构相似的革兰氏阴性杆菌。沙门氏菌两端钝圆，中等大小，无荚膜，大多有周身鞭毛，能运动。沙门氏菌对干燥、日光等环境因素有较强的抵抗力，在自然条件下可生存数周或数月。但是，对热和各种化学消毒剂的抵抗力不强，60℃条件下15分钟即可被杀灭。常规消毒药物均能将其灭活。

本属细菌对头孢菌素类、氨基糖苷类、喹诺酮类、磺胺类药物敏感，但对抗菌药物的敏感性随抗药菌株的日益增多而越来越低。

【流行病学】

本病可发生于各年龄段牛，其中2～6周龄犊牛易感，成年牛多呈散发性或偶尔呈地方性流行，孕牛感染后易发生流产。

病牛和带菌牛是本病的主要传染源。病菌可随其粪便、流产的胎儿、胎盘等经消化道和呼吸道感染。当长途运输、拥挤、寒冷等不良因素使机体抵抗力降低时，潜伏在体内的内源性沙门氏菌也会引发本病或导致病情加剧。

本病常年均可发生，但犊牛和孕牛在冬、春季多发，呈散发或地方性流行。

【临床症状】

牛沙门氏菌病潜伏期为1～3周。根据病程长短，可分为急性型和亚急性型。

急性型 犊牛以急性型为多见。表现为拒食、卧地，并迅速出现衰竭症状，于3～5天内死亡。但多数犊牛表现为病初体温升高至40～41℃，继而排出混有黏液和血丝的黄色液状粪便。通常于发病后5～7天死亡，病死率高达50%。若病程延长，有时可见腕、跗关节肿大，有的还表现出支气管炎和肺炎症状。

成年牛可突然发病，体温升高至40～41℃。精神沉郁，食欲、反刍废绝，排出混有血液或含有纤维素絮片并有恶臭的水样稀粪。腹泻后，体温恢复正常。病程持续4～7天。孕牛可发生流产。

腕关节肿大、跛行

53

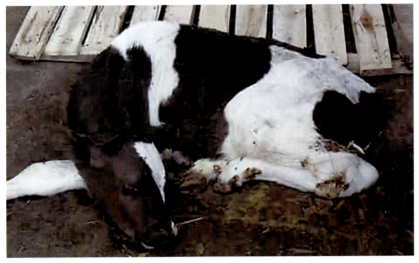

病牛卧地不起，并迅速出现衰竭症状

流脓性鼻液，呼吸困难，呈支气管肺炎

小肠黏膜充血

水样粪便混有血液

黄棕色稀粪，并混有黏液和血液

亚急性型　此型以成年牛为主，病情缓和，体温正常或略升高。无继发感染时，一般预后良好。

【病理变化】

　　急性死亡的犊牛可见心壁、腹膜和胃肠黏膜出血。脾脏充血肿大呈紫红色，并有坏死灶。肠系膜淋巴水肿或出血。肝脏和肾脏有坏死灶。若腕、跗关节肿大，腱鞘和关节腔内含有胶样液体。肺脏可见肺炎病灶区。

　　成年牛则主要是急性出血或坏死性肠炎，肠黏膜潮红充血。重症者肠黏膜发生脱落，大肠有局限性坏死区。肠系膜淋巴结不同程度水肿、出血，脾脏充血、肿大，肝脏有坏死灶或脂肪变性。

肠壁淋巴组织增生，肠壁淋巴组织与肠系膜淋巴结"髓样变"，犊牛肠壁淤血色红

（陈怀涛）

【诊断】

根据流行病学、临床症状和病理变化可作出初步诊断。确诊需取病牛的肠系膜淋巴结、脾、心血和粪便，或取病母牛的阴道分泌物、粪便、血液、胎盘等做细菌分离鉴定。

【防治】

沙门氏菌是一种常见的食物传播性人畜共患病病原菌，有产生毒素的能力，在75℃条件下经1小时仍有毒力，可使人发生食物中毒。因此，应注意食品安全，严格卫生检疫。

发现病牛应立即隔离，落实消毒和治疗措施。可对牛群接种牛副伤寒灭活疫苗，1周岁以下的牛只接种2毫升，1周岁以上使用量为5毫升。常用的抗生素对牛沙门氏菌具有良好的治疗效果。但从耐药性来看，在选药时，应选择药敏性高的药物。

处方1 注射用硫酸卡那霉素注射液10毫升配注射用盐酸多西环素注射液10毫升（成年牛均为20毫升），肌内注射，连用1个疗程。

处方2 5%氟苯尼考注射液，其用量以5 ~ 20毫克/千克体重计，肌内注射，每天1次，连用5天。

处方3 阿米卡星注射液，其用量以6毫克/千克体重计，肌内注射，每天2次。

处方4 10%磺胺嘧啶钠注射液，其用量以0.5毫升/千克体重计，以及25%葡萄糖注射液500毫升，一次静脉注射，连用3天。

处方5 环丙沙星注射液，其用量以5毫克/千克体重计，5%葡萄糖氯化钠注射液250毫升，静脉注射，每天2次，连用4天。

处方6 20%土霉素注射液，其用量以0.1毫升/千克体重计，肌内注射，每天1次，连用5天。

处方7 环丙沙星注射液10 ~ 20毫升、乙酰甲喹注射液5 ~ 10毫升，分别肌内注射，连用3天。

十九、结 核 病

结核病是由结核分枝杆菌引起的人畜共患病。结核病的临床特征是病程缓慢、渐进性消瘦，并在多种组织器官中形成特征性肉芽肿、干酪样坏死和钙化的结核病灶。

【病原】

结核分枝杆菌为革兰氏染色阳性菌，分人型、牛型和禽型，不产生芽孢和荚膜。

本菌对外界环境有很强的抵抗力，尤其对干燥的抵抗力特别强。由于其细胞壁中含有脂质，故对酒精敏感。

常用的消毒剂有10%漂白粉溶液、5%福尔马林溶液、5%来苏儿和70%酒精。

本菌对磺胺类药物、青霉素和其他广谱抗生素均不敏感。但对链霉素、异烟肼、对氨基水杨酸、卡那霉素等药物敏感；白及、百部、黄芩对其也有中等的抑制作用。

【流行病学】

牛对结核病最易感，特别是奶牛，其次是黄牛、水牛。牛型结核分枝杆菌除使牛致病外，也感染其他家畜和人。因此，在结核病防治中，应特别注意人和牛的感染。

开放性结核病牛是本病的主要传染源。本病主要经呼吸道和消化道感染，也可通过交配感染。成年牛主要是吃了被污染的草料后经消化道感染，犊牛的感染主要是吮吸带菌奶引起的。本病常呈慢性经过。

【临床症状】

牛结核病潜伏期一般为15～45天，长的可达数月或数年，大多呈慢性经过。以肺结核、淋巴结结核和乳房结核为多见，其次是肠结核、生殖器官结核等。

肺结核　表现为长期短而干的咳嗽，且在运动或受凉时咳嗽加重，严重时发生气喘。肺部听诊有干、湿性啰音或摩擦音，叩诊有浊音区。肩前、股前等体表淋巴结肿大、坚硬但无热痛，病牛渐瘦、易疲劳。

淋巴结结核　多发于浅表淋巴结，如肩前、股前、颌下、腹股沟淋巴结等。淋巴结肿大，坚硬不易移动，无热痛。

乳房结核　乳房肿大变形，不均匀对称。乳房上淋巴结肿大，乳腺上有大小不等、表面高低不平的硬节。奶牛产奶量下降，乳汁初无明显变化，严重时稀薄如水。

肠结核　多见于犊牛，表现为持续性腹泻，粪便带血或带脓汁，且迅速消瘦。

生殖器官结核　母牛性机能紊乱，发情频繁，性欲亢进，孕牛流产；公牛阴茎前部有结节、糜烂，附睾和睾丸肿大。

流干酪样脓性鼻液

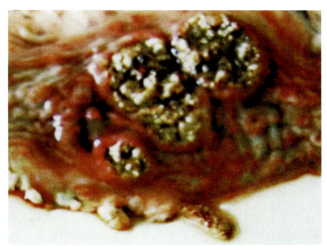

肺脏结核结节
（朴范泽 等）

肠结核结节
（朴范泽 等）

【病理变化】

患病组织器官发生增生性或渗出性炎症，有的是两种病灶混合存在。抵抗力强时，机体对结核菌的反应以细胞增生为主，形成增生性结核结节；抵抗力弱时，机体的反应则以渗出性炎性为主，后发生干酪样坏死、化脓或钙化。有时钙化的结节切开有沙砾感，而有的坏死组织溶解和软化，排出后形成空洞。上述变化多见于肺结核。在牛的胸腔或腹腔浆膜可发生密集的结核结节，质地坚硬，如粟粒至豌豆大小，呈半透明或不透明状灰白色，即所谓"珍珠病"。

【诊断】

在病牛渐瘦的同时，出现咳嗽、慢性乳腺炎、持续性腹泻、肩前等体表淋巴结肿大，可疑似为牛结核病。若通过病理解剖发现特异性结核结节，即可作出诊断。另外，结核菌素变态反应是诊断的最好方法，即牛型结核菌素点眼和皮内注射。

【防治】

按农业农村部《牛结核病防治技术规范》进行防控。引种时，要就地检疫把关和严格消毒。消毒可用5%来苏儿、10%漂白粉或20%新鲜石灰乳。针对假定健康群和阳性群的重点工作是不断淘汰阳性反应者，逐步建立健康动物群。由于本病不易根治且疗程长，故应及早淘汰。必须治疗时，应在严格隔离的情况下治疗。

处方1 注射用阿米卡星200万～400万国际单位，肌内注射，每天2次，连用5天。异烟肼1克，口服，每天2次，可长期服用。

处方2 卡那霉素注射液400万国际单位，肌内注射，每天2次，连用5天。对氨基水杨酸钠80～100克，口服，每天2次。

二十、副结核病

副结核病又称副结核性肠炎，是由副结核分枝杆菌引起的慢性增生性肠炎传染病。主要发生于牛。临床特征是潜伏期长，长期顽固性腹泻和逐渐消瘦，肠黏膜增厚并形成皱褶。

【病原】

副结核分枝杆菌为革兰氏染色阳性小杆菌，抗酸染色菌体呈红色，成团或成丛排列。本菌对外界抵抗力较强，在被污染的场地和粪便中可存活数月。但对热敏感，在60℃条件下30分钟或80℃条件下18分钟即可将其杀死。75%酒精、10%漂白粉乳剂、3%～5%苯酚液、5%来苏儿等均能将其杀灭。本菌对青霉素有高度抵抗力。副结核病主要引起牛发病，特别是乳牛，幼龄牛和青年牛最易感。该病潜伏期长，发展缓慢，传播也缓慢，多为散发性或呈地方性流行。

病牛和隐性感染的牛是主要的传染源。病菌主要存在于病牛的肠道黏膜和肠系膜淋巴结，随病牛粪便排出，污染饲料和饮用水等，并经消化道感染健康牛。病菌在肠道黏膜中繁殖并引起肠黏膜损害，使肠黏膜增厚形成皱褶。特别是由于饲料中缺乏无机盐和维生素，机体抵抗力下降时容易发病。

【临床症状】

牛副结核病潜伏期长达数月至一年，甚至更长。多数牛在幼龄时感染，经过很长的潜伏期，在成年时才出现临床症状。症状明显后，主要表现为间歇性腹泻，腹泻时而停止、时而复发，继而经常性地顽固腹泻，排喷射状粥样恶臭稀粪，并混有黏液和凝块。

患牛随着病情加重，下颌和垂皮水肿，消瘦和贫血，最后因衰竭而死。

明显消瘦，下颌部水肿、下垂
（杨磊）

下颌明显水肿、下垂
（杨磊）

顽固性腹泻，脱水消瘦
（朴范泽）

【病理变化】

病变主要在消化道和肠系膜淋巴结。空肠后端、回肠、盲肠和结肠病变明显，特别是回肠，可见肠壁增厚，是正常肠壁的数倍，表面不平，形成硬而弯曲的明显皱褶，黏膜面呈灰白色或灰黄色。肠腔内容物少而稀薄，肠道一般无溃疡、无结节。肠系膜淋巴结较正常大2～3倍，切面湿润，上有黄白色病灶。

【诊断】

根据临床症状和特征性的病理变化可作出初步诊断，确诊需通过细菌学检查和变态反应诊断。细菌学检查，刮取直肠黏膜或用淋巴结

回肠肠壁增厚，表面不平
（朴范泽）

切面制成涂片，进行革兰氏染色法和姜-尼氏抗酸性染色法染色。镜检可见革兰氏染色阳性、无荚膜、无芽孢、成丛成团排列的小杆菌，抗酸性染色后菌体呈红色。皮内变态反应诊断，用副结核菌素或禽分枝杆菌提纯菌素0.2毫升注射于颈侧中部皮内，经48小时和72小时各检查1次。凡皮肤局部有弥漫性肿胀、皮肤厚度增加1倍以上者，判为阳性。对疑似病例需在3个月后复检1次，仍为疑似，则可诊断为阳性。

【防治】

平时应加强饲养管理，补充无机盐和维生素，坚持检疫和消毒。粪便要堆积发酵后才能利用。切忌牛、羊同群饲养或混牧，防止交叉感染。定期检疫，淘汰阳性者。对可疑病牛及时隔离。本病目前尚无有效的免疫方法，药物治疗效果也不佳，但可以试用以下处方进行治疗。

处方1 磺胺脒20～50克，口服，每天2次，连用5天，首次用量加倍。硫酸镁15克、0.1%稀硫酸150毫升、水350毫升，配成溶液后取30毫升，再加水250毫升，口服，每天1次。

处方2 乙酰甲喹（痢菌净）注射液，其用量以3毫克/千克体重计，每天2次，连用3天。头孢噻呋钠2～4克，肌内注射，每天1次，连用3天。

处方3 5%氟苯尼考注射液，其用量以10～20毫克/千克体重计，肌内注射，每天1次，连用5天。磺胺脒20～30克，内服，每天2次，连用5天，首次用量加倍。

处方4 乌梅散：党参60克、白术45克、茯苓45克、白芍30克、乌梅45克、干柿30克、黄连30克、诃子30克、姜黄30克、黄芩45克、金银花30克，共研末后开水冲泡，候温灌服，每天1剂，共3剂。

二十一、传染性角膜-结膜炎

传染性角膜-结膜炎是一种多病原的疾病。本病又名流行性眼炎或红眼病，是一种急性、接触性传染病。其特征为眼结膜和角膜发生明显的炎症变化，并伴有眼睑肿胀、流泪、角膜混浊或溃疡，重症可导致失明，以致给养殖业带来一定的经济损失。

【病原】

传染性角膜-结膜炎病原体有牛摩氏杆菌（牛嗜血杆菌）、鹦鹉热衣原体、结膜支原体等。牛摩氏杆菌是牛传染性角膜-结膜炎的主要病原，但需在紫外光照射下才发生联合致病作用。

牛摩氏杆菌是粗短的球杆状需氧菌，无芽孢、无荚膜，不能运动，革兰氏染色阴性。本菌抵抗力弱，在59℃条件下5分钟即可被杀灭，一般消毒剂也可将其杀死。病菌离开病牛后，在外界环境中存活一般不超过24小时。

【流行病学】

牛对传染性角膜-结膜炎易感。

病牛和带菌的牛是本病的主要传染源，病牛甚至在临床症状消失后仍能继续带菌和排菌达几个月之久，因此可再次染病。本病可通过接触感染，也可通过飞蝇、飞蛾传播。本病主要发生于夏、秋季节，传播迅速，多呈地方性流行。

【临床症状】

潜伏期为3～7天。临诊可先后发现结膜炎和角膜炎。病初往往先一眼患病，然后波及另一眼。病牛先发生结膜炎症状，结膜充血，畏光流泪，眼睑肿胀。随后，眼内流出浆液或黏液性分泌物，不久则变成脓性。其后，角膜发炎，角膜充血凸起，出现灰白色小点。随着炎症蔓延，角膜增厚、混浊，并形成溃疡、瘢痕或云翳。有时重症者可导致眼前房积脓或角膜穿孔破裂，晶状体可能脱落，以致失明。

病牛一般无全身症状，但眼球化脓时则可伴有发热、精神沉郁、食欲减退等症状。病程一般为15～30天。

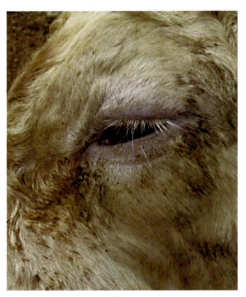
结膜充血、发炎，畏光流泪

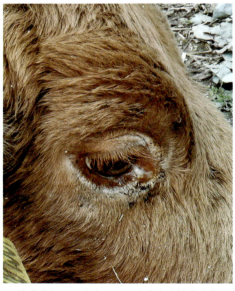
结膜发炎，畏光流泪，眼内流出脓性分泌物

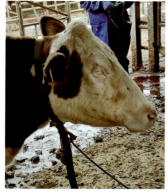

患眼失明

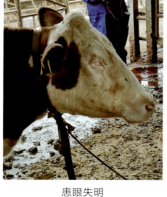

角膜混浊，呈灰白色
（杨磊）

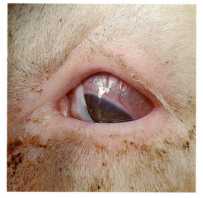

角膜混浊、增厚，并形成云翳

【病理变化】

除肉眼可见病牛眼部炎症变化外，其他组织器官一般无病变。

【诊断】

根据眼的特征症状和流行特点，即可作出诊断。

【防治】

病牛应立即隔离治疗，并做好清扫消毒工作。加强饲养管理，特别在夏、秋季节应注意灭蝇。平时，牛舍内保持干燥通风，避免强光照射。同时，要防止病牛发生碰伤等加剧眼病。

处方1 2%～4%硼酸液洗眼，擦干后滴入3～5滴蛋白银溶液，每天2～3次。

处方2 在地塞米松眼药水中加入青霉素（0.5万国际单位/毫升）点眼，每天2～3次。

处方3 用普鲁卡因青霉素在上下眼睑做皮下注射，封闭后再涂四环素类（四环素、土霉素、金霉素等）软膏。

处方4 用普鲁卡因青霉素在上下眼睑做环状皮下注射，封闭后，将冰片、炉甘石、硼砂粉末各3份，加入细瓷碗粉末1份，再混入适量的青霉素粉，混匀后撒少许在结膜囊内，连用3天。

处方5 盐酸环丙沙星注射液2～3滴点眼，每天2次，直至痊愈。

处方6 角膜混浊时，可涂1%～2%黄降汞软膏。

二十二、附红细胞体病

附红细胞体病是由附红细胞体引起的一种溶血性人畜共患病。附红细胞体主要附着于红细胞表面、血浆和骨髓中，病牛主要以发热、贫血、黄疸、渐进性消瘦、流产、腹泻为特征。

【病原】

附红细胞体为多形态微生物，多为球形、杆形、月牙形、三角形等。在自然状态下为淡蓝色，瑞氏染色呈淡红色。本菌多单个或呈链状附着在红细胞表面，呈星芒状，或游离于血浆中。附红细胞体对干燥和化学药品抵抗力弱。

【流行病学】

不同年龄、品种的牛均能感染附红细胞体病，以孕牛、犊牛易感，处于哺乳期的牛发病率和死亡率较高。本病常年可发，但以多雨温暖的夏、秋季多见，一般呈地方性流行。病牛和带菌牛是主要的传染源。附红细胞体感染牛后，一般不发生急性病例或不表现临床症状，处于亚临床感染。只有在应激状态下才出现临床症状，如运输应激、突然断奶、气候剧变、拥挤、营养不良等能诱发或加重该病的发生。当发生其他传染病时，由于机体抵抗力下降，也可使本病大面积发生。节肢动物和吸血昆虫同样也是本病的传播媒介。同时，本病还能经污染的针头、器械等传播，也可经交配而相互感染。

【临床症状】

潜伏期为数天至30天，病程也长短不一。

急性病例　以1～6月龄犊牛多见，常突然死亡。病牛体温升高，眼结膜苍白，叫声嘶哑，肌肉震颤，四肢抽搐。死时皮肤发红，口、鼻、肛门流出淡红色液体。

病情稍缓者　多见于6月龄以上牛。病牛体温升高，精神沉郁，食欲减退，呼吸急促。有时腹泻，尿液颜色变深呈黄色或红黄色，粪便黄棕色。重症者皮内毛囊出血，皮肤可见出血斑点。

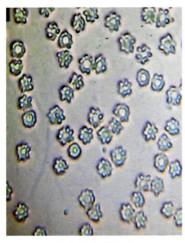  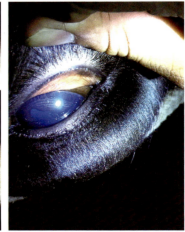

病牛的血液涂片　　　　　　　　　　　　　　结膜苍白、贫血

若病情持续时间更长，患牛则形体消瘦，皮肤和结膜由于贫血和黄疸的程度不一，或呈苍白色，或表现为淡黄色。后期病牛毛焦皮吊，步态不稳，肌肉震颤，磨牙抽搐。颌下淋巴结、肩前淋巴结肿大。孕牛可发生流产，死胎增加，产后泌乳量减少。公牛则生殖功能减退，如不及时治疗，最后衰竭死亡。

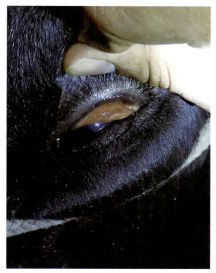
结膜黄染

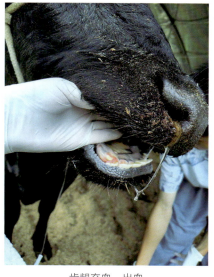
齿龈充血、出血

黏液性鼻液

母牛流产

尿液呈黄红色

血　尿

【病理变化】

病牛尸僵不全，血液稀薄，凝固不良，贫血、黄疸是其主要的病理变化。剖检可见全身淋巴结肿大。皮内毛囊出血，皮下呈胶样浸润，可见出血点。心脏变质性炎，心肌苍白柔软；肾脏肿大、变形，皮质有点状出血；肝脏肿大，边缘钝圆，肝脏和脂肪黄染；膀胱壁色泽苍白，尿液充盈，呈黄红色，胸腔、腹腔有大量积液。

前肢内侧皮下呈胶冻状病变

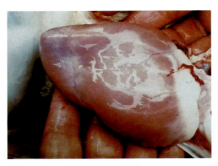

心肌色泽变浅

胆囊肿大

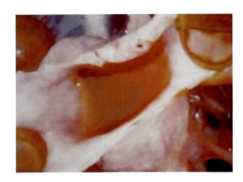

膀胱壁苍白，尿液呈黄红色

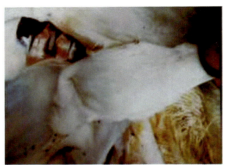

膀胱壁苍白

【诊断】

根据流行病学和临床症状，结合病理变化可作出初步诊断。必要时用血液涂片，在甲醇固定后用姬姆萨染色，镜下可见大量变形的呈粉红色的红细胞，表面附着呈淡紫色、有折光性的多形状小体。

【防治】

在引进牛和饲养时，应尽量减少应激因素。定期消毒和驱虫，注意消灭吸血昆虫，做好针头、器械的消毒，都可有效控制本病的发生。

处方1 贝尼尔（三氮脒、血虫净），以5毫克/千克体重计，配以联磺甲氧苄啶注射液10毫升深部肌内注射，2天注射1次，连用3次。贝尼尔毒副作用较大，隔天1次，不宜重复多次连续应用。

处方2 注射用泰乐菌素20毫升、磺胺间甲氧嘧啶钠20毫升（首次用量加倍），分别肌内注射，每天1次，连用5天。

处方3 注射用头孢噻呋钠2克、0.9%氯化钠注射液2 000毫升、0.5%氢化可的松注射液40毫升，一次静脉注射，每天1次，连用5天。

处方4 注射用多西环素500万国际单位，肌内注射，每天1次，连用5天。二嗪农（螨净），按说明书有关要求稀释配液后，喷洒牛体表及周围环境。

处方5 四环素，以8毫克/千克体重计，10%葡萄糖溶液500毫升，静脉注射，每天1次，连用3天。

处方6 咪唑苯脲，以1.4毫克/千克体重计，皮下肌内注射，隔天1次，连用3次。

处方7 青蒿35克、常山50克、槟榔40克、板蓝根40克、连翘40克、玄参30克、党参40克、当归40克、白术40克、甘草30克，研末，开水冲化，候温灌服，每天1剂，共3剂。

二十三、牛双芽巴贝斯焦虫病

本病是由双芽巴贝斯焦虫寄生于牛的红细胞内所引起的一种急性发作的季节性疾病。由于本病在临床上常出现血红蛋白尿，故又称"红尿病"。

【病原】

虫体呈梨形、圆形、椭圆形或不规则形。大多位于红细胞中央，是一种大型虫体，其长度大于红细胞半径。两个梨形虫体以其尖端相连而成锐角。虫体经吉姆萨染色后胞浆呈淡蓝色，染色质呈紫红色。

双芽巴贝斯焦虫在牛红细胞内以成对出芽的方式繁殖。牛是其中间宿主，蜱在牛体吸血时，虫体连同牛的红细胞进入蜱体，并在蜱体内进行有性繁殖。因此，蜱是双芽巴贝斯焦虫的终末宿主。

【流行病学】

本病的流行与蜱的存在、消长和活动等有关。在我国南方各省份，本病多发生于7—9月。一般情况下，两岁以内的犊牛发病率高，但病状较轻、很少死亡。成年牛发病率低，但病状重、死亡率高，特别是体况较弱的牛，病情尤为严重。当地牛感受性低，外地引入的牛感受性高、病情重、死亡多。病愈的牛能产生带虫免疫现象，愈后3个月或更长的时期内，仍可在血液中找到虫体。但这种带虫免疫是不稳定的，当饲养管理不当或有其他并发症时，仍可复发。

【发病机制】

双芽巴贝斯焦虫的致病作用是由虫体及其产生的毒素刺激造成的。病牛表现出各种临床症状，如体温升高、精神沉郁、脉搏增快、呼吸困难、造血系统受损和胃肠功能失调等。此外，由于虫体对红细胞的破坏，可引起溶血性贫血。红细胞被破坏后，血红蛋白经肝脏变为胆红素滞留于血液中引起黄疸。如果红细胞被严重破坏，则有一部分血红蛋白经肾脏随尿排出，形成血红蛋白尿（血尿），俗称"红尿病"。

【临床症状】

潜伏期为8 ~ 15天，有时更长些。体温升高达40 ~ 41.5℃，呈稽留热型，可持续1周或更长。病牛精神沉郁，食欲下降，反刍停止，粪便呈黄棕色。贫血明显，可有75％以上的红细胞受到破坏。通常有血红蛋白尿，但有时没有。病牛瘦弱，晚期有明显的黄疸。如为慢性发作，体温并不很高，常无血红蛋白尿，但有下泻或便秘。急性病例可在4 ~ 8天内死亡，若不及时治疗，死亡率可达50％ ~ 90％。

食欲下降，卧地不起

【病理变化】

尸体消瘦，尸僵不全，血液稀薄，凝固不全。可视黏膜苍白、贫血，有时黄染。皮下组织充血、黄染、水肿。脾脏肿大2～3倍，脾髓软化，呈暗红色。肝脏肿大，黄棕色，剖面呈黏土色。胆囊扩张，胆汁浓稠、色暗。膀胱黏膜充血，有时有斑状出血。尿液呈红黄色或红棕色。胃肠网膜、肠系膜脂肪黄染。

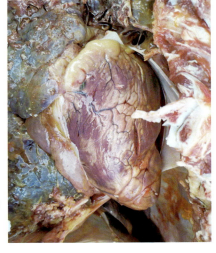

心脏变质性炎，心肌苍白柔软、色泽变浅

肝脏色暗、无光泽，胆囊扩张，胆汁充盈，周围组织黄染

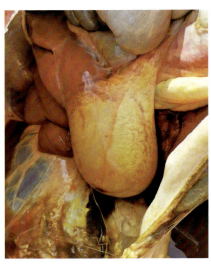

胆囊扩张，胆汁浓稠、色暗，周围组织黄染

脾脏明显肿大，脾髓软化、呈暗红色

膀胱充盈，尿液为红棕色、呈血红蛋白尿（红尿病）

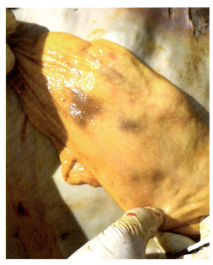

膀胱壁黄染，并伴有坏死灶

膀胱内尿液充盈，尿液呈红棕色

【诊断】

本病的临床特征为体温高达40℃以上，呈稽留热型，贫血，黄疸，血红蛋白尿，呼吸促迫并气喘等。病原检查是确诊的主要依据。在体温升高的第1 ～ 2天，采末梢血液制作涂片，吉姆萨染色镜检。如发现有典型虫体，虫体长度大于红细胞半径，有2个染色质团块，成对的梨形虫体尖端相连成锐角，即可确诊。

其他特征有尸僵不全，血凝不良，心肌软化，心内外膜有小点出血，肝、脾肿大，膀胱内充满红黄或红棕色尿液等。

同时，流行病学调查非常重要，可寻找蜱加以鉴定。

【防治】

预防的关键在于灭蜱。可用0.05%溴氰菊酯或二嗪农（螨净）稀释后，喷洒体表以杀灭硬蜱。对引进的牛要严格检疫，应选择疾病的非流行期调入。在有条件的地区，对在不安全草场放牧的牛群，应于发病季节前，每隔15天用贝尼尔预防注射1次，每千克体重用药2毫克，配成7%溶液，深部肌内注射。

处方1 贝尼尔（血虫净、三氮脒），其用量以3 ～ 5毫克/千克体重计，配成5% ～ 7%水溶液，深部肌内注射，隔天1次，连用3次。

处方2 黄色素，其用量以3 ～ 4毫克/千克体重计，配成0.5% ～ 1%水溶液，静脉注射，1天后再重复1次。

处方3 伊维菌素，其用量以0.2毫克/千克体重计，皮下注射，10天后重复注射1次。

处方4 注射用咪唑苯脲，其用量以1 ～ 3毫克/千克体重计，配成1%水溶液，肌内注射，隔天1次，连用2 ～ 3次。

二十四、牛巴贝斯焦虫病

牛巴贝斯焦虫病也称红尿病、蜱热，是由牛巴贝斯焦虫经硬蜱传播寄生在牛的红细胞内所引起的一种血液原虫病。此病呈世界性分布，以急性为多见，也有高热稽留、贫血、黄疸、血红蛋白尿等临床特征，发病机制和临床症状均与牛双芽巴贝斯焦虫相似。

【病原】

巴贝斯焦虫为一种小型虫体，虫体长度小于红细胞半径。虫体寄生于红细胞内，单独或成对存在，典型虫体是两个梨形虫体以其尖端相对形成钝角。虫体内只有一团染色质。虫体形态多样，有梨形、椭圆形、环状、逗点形、杆形、点状、三叶草形等。虫体一般多位于红细胞边缘，其中以梨形虫体的大小在红细胞内的排列方式和位置关系特征具有诊断意义。

【流行病学】

同牛双芽贝巴斯焦虫病。

【临床症状】

潜伏期为9～15天，虫体出现数天后体温开始升高，之后便高热稽留，一般为40～42℃。病牛精神沉郁，食欲废绝，可视黏膜苍白或黄染。发病后2～3天即出现血红蛋白尿，贫血严重。

结膜苍白、贫血，部分巩膜黄染

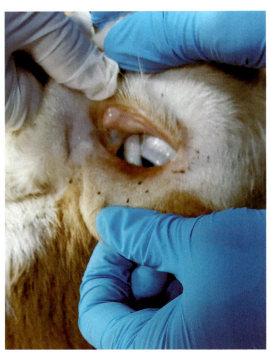
结膜苍白、黄染

【病理变化】

气管黏膜充血、出血，皮下组织水肿、黄染、胶样浸润

肝脏肿大，质脆无光泽，肝脏浆膜面上有纤维素性炎性渗出物

【诊断】

根据流行病学、临床症状、病理变化和蜱的鉴定可作出诊断。另外，病原检查是确诊的主要依据，可在病牛体温升高的第1～2天，从耳静脉采血涂片后，吉姆萨或瑞氏染色后镜检，在红细胞内发现虫体即可确诊。

【防治】

同牛双芽巴贝斯焦虫病。

二十五、牛环形泰勒焦虫病

牛环形泰勒焦虫病是由环形泰勒焦虫寄生在牛的红细胞和网状内皮系统引起的以高热稽留、体表淋巴结肿大、贫血、黄染、尿呈淡黄色或深黄色（无血红蛋白尿）为主要特征的蜱传性血液原虫病。

【病原】

环形泰勒焦虫依据其寄生部位不同，在牛体内的形态也不一样，可呈环形、梨籽形、圆形、椭圆形、杆形、十字架形等。一般来说，寄生在红细胞内的虫体以环形最为常见，而寄生在网状内皮系统的虫体称为石榴体。

【流行病学】

本病随蜱的季节性消长而呈明显的季节性变化，环形泰勒焦虫病主要流行于5—9月。又因其传播蜱（璃眼蜱）为圈舍蜱，故多发生于舍饲牛。

在流行区，1～3岁牛多发。从外地引入的牛、纯种牛及杂交牛易发病。

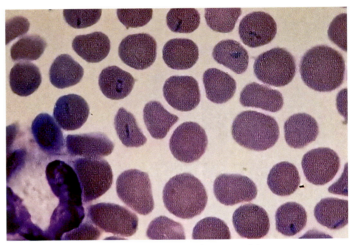

牛环形泰勒焦虫血涂片（×1 000倍）

【发病机制】

环形泰勒焦虫的致病作用随虫体在牛体的发育阶段不同而异。首先，环形泰勒焦虫进入牛体后，在局部淋巴结繁殖，引起淋巴结肿大。然后，进入全身网状内皮系统，虫体产生的毒素随淋巴和血液循环至全身，对牛的各器官和组织造成损害，主要是造血器官、实质器官和中枢神经系统等。最后，机体由于代谢障碍而衰竭死亡。牛环形泰勒焦虫病和双芽巴贝斯焦虫病的主要区别是体表淋巴结肿胀和无血尿。之所以不出现血尿，是因为环形泰勒焦虫的贫血是由于造血器官损伤使红细胞增生缓慢和发育不良造成的，不是由溶血所引起。

【临床症状】

潜伏期为14～20天，多呈急性经过。病初表现高热稽留，体温高达40～42℃，体表淋巴结肿大，有痛感。眼结膜初充血、肿胀，后贫血苍白或黄染。心跳加快，呼吸增数，重症者呈腹式呼吸。食欲减退或废绝。后期在可视黏膜、肛门、阴门等处出现出血点或出血斑。粪便常带黏液或血液，尿液呈淡黄色或深黄色，但无血尿。红细胞数减少，血红蛋白量降低。病情严重的牛多于发病后1～2周死亡。

【病理变化】

尸僵不全，血凝不良。全身淋巴结肿大。脾脏明显肿大2～3倍，脾髓质软呈紫黑色泥糊状。皱胃黏膜肿胀，有大小不等的出血斑、黄白色结节及溃疡斑。此外，全身脏器均有出血。

淋巴结出血－坏死性结节
（甘肃农业大学病理室）

皱胃黏膜有许多大小不等的圆形溃疡，其中心凹陷、
出血斑外围隆起
（甘肃农业大学病理室）

【诊断】

结合流行病学、体表淋巴结肿大、高热稽留和主要的病理变化特征，可作出初步诊断。确诊须做病原学检查，主要方法有：

（1）淋巴结穿刺或抽取淋巴液涂片，吉姆萨染色镜检，查找石榴体。

（2）可取肝、脾、肾等器官压片，查找石榴体。

（3）血液涂片。取耳静脉血涂片检查，镜检血液内虫体。

【防治】

灭蜱成功是预防的关键。因传播牛环形泰勒焦虫的蜱为圈舍蜱，其成虫越冬和若蜱蜕化一般在圈舍内。因此，一定要及时杀灭圈舍内的蜱，并用杀蜱药物消灭牛身上的蜱。定期离圈放牧，避免成蜱爬上牛体吸血，减少感染机会。

发病季节前，每隔15天用贝尼尔预防注射1次，每千克体重用药2毫克，配成7%溶液，深部肌内注射。

其治疗处方参照牛双芽巴贝斯焦虫病。也可用中药方剂配合辅助治疗。贯众80克、槟榔45克、木通40克、泽泻40克、茯苓30克、龙胆草30克、雄虱40克、厚朴35克、甘草15克。用法：水煎，一次灌服，连用3剂。

二十六、牛球虫病

牛球虫病是由艾美耳科艾美耳属的球虫寄生在大肠黏膜和小肠后段黏膜上皮细胞内所引起的一种原虫病。犊牛最易感。临床上以出血性肠炎、渐进性消瘦和贫血为特征。

【病原】

牛球虫有10多种，但以邱氏艾美耳球虫、斯氏艾美耳球虫、牛艾美尔球虫为最常见和致病性最强。

邱氏艾美耳球虫寄生于牛的直肠上皮细胞内，有时也可寄生在盲肠和结肠下段，卵囊为圆形或稍微椭圆形，卵壁光滑，平均大小为14.9～20微米。

斯氏艾美耳球虫寄生于牛的肠道，卵囊圆形，平均大小为19.6～34.1微米。

牛艾美耳球虫寄生于小肠、盲肠和结肠，卵囊呈椭圆形，卵囊大小为20～29微米。

球虫发育不需要中间宿主，当牛吞食了感染性卵囊后，便可感染发病。

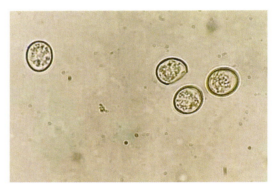

球　虫

【流行病学】

不同品种、性别、年龄的牛均可感染致病。2岁以内的牛发病率高，而犊牛的发病率显著高于成年牛，且死亡率高，成年牛多为带虫者。球虫病多发生于春、夏、秋3季，特别是高温高湿环境下易发。低洼潮湿的牧场及卫生条件较差的牛舍，都易使牛感染球虫。

球虫病呈散发性或地方性流行。病牛和隐性感染牛是本病的主要传播者。其主要通过被粪便污染的垫草、饲料、饮水和器具传播，球虫也可通过吮乳方式经消化道感染犊牛。

卵囊排出后在适宜环境中能存活数月，孢子化后对外界环境抵抗力更强。常用的消毒药，如1%克辽林、二氯异氰尿酸钠（1：200稀释）、2%烧碱溶液等均对球虫有良好的消杀作用。

【临床症状】

潜伏期通常为15～21天。而犊牛一般为急性经过，潜伏期为10～15天。

起初病牛体温正常或略升高，食欲减退，粪便稀薄并混有少许血液。当牛球虫寄生在大肠内大量繁殖时，肠黏膜上皮被大量破坏、脱落，黏膜出血并形成溃疡。这时在临床上表现为出血性肠炎、腹痛，血便中带有肠黏膜散片。后期，当肠黏膜破坏后造成继发感染时，病牛出现全身症状，体温上升达40～41℃。精神沉郁，被毛粗乱，瘤胃蠕动停止，肠蠕动增强，腹泻，粪便稀薄并混有较多的血液和黏液。末期所排粪便几乎全为血液，呈暗黑色或褐色，最终多因体液耗损过度而脱水衰竭死亡。

慢性病例表现为长期下痢、便血，可视黏膜苍白，贫血，喜卧，最终因极度消瘦而死亡。

【病理变化】

病变主要在肠道，其中以直肠出血性肠炎和溃疡病变最为明显。前期直肠黏膜因炎症而增厚、肿大，后期因黏膜脱落而肠壁变薄。直肠黏膜上常散布有点状出血点和白色或灰色的微小凸起颗粒，肠系膜淋巴结水肿增大。食物在肠道内发酵可造成肠内容物恶臭，并可见纤维性薄膜和黏膜散片。

【诊断】

根据流行病学、临床症状和病理变化，特别是球虫病引起的肠道出血，其粪便呈黑褐色、带血，据此可作出初步诊断。

临床上，当犊牛出现血痢和粪便恶臭时，可用虫卵的饱和盐水漂浮法检查牛球虫卵囊，查出球虫卵囊便可确诊。

【防治】

发现病牛时，应立即隔离。同时，用1%克辽林或1∶200倍稀释的二氯异氰尿酸钠溶液等对牛舍内外进行消毒，每周1次。舍饲牛舍要保持通风干燥，粪便和垫草等污秽物集中进行生物热发酵堆积处理。在流行地区，很多成年牛均为带虫者。因此，犊牛应与成年牛分开饲养。

处方1 氨丙啉以20～25毫克/千克体重计，口服，连用4～5天。

处方2 呋喃西林以7～10毫克/千克体重计，口服，每天2次，连用7天。

处方3 磺胺二甲嘧啶以100毫克/千克体重计，口服，连用7天。

处方4 磺胺间甲氧嘧啶钠注射液以0.3毫升/千克体重计，肌内注射，连用5天。

处方5 白头翁45克、黄连25克、广木香25克、黄芩30克、秦皮30克、炒槐米30克、地榆炭30克、仙鹤草30克、炒枳壳30克，水煎取汁，一次灌服，每天1剂，连用3天。

处方6 复方磺胺氯哒嗪钠粉大群拌料饲喂1周或加喂维生素K，均有辅助治疗作用。

二十七、片形吸虫病

片形吸虫病是由片形属的肝片吸虫或大片形吸虫寄生在牛肝脏、胆管内，从而引起的一种急性或慢性的人畜共患病。在临床上，常引起急性死亡或渐进性贫血、消瘦和水肿。本病在世界各地均有分布，常呈地方性流行，是牛最主要的寄生虫病之一。

【病原】

病原是肝片吸虫和大片形吸虫。肝片吸虫呈背腹扁平的柳叶状，新鲜虫体棕红色，经福尔马林固定后呈灰白色，长20～35毫米，宽5～13毫米。虫体前部呈圆锥状凸起，其上有圆形深凹的口吸盘，凸起后方变宽，称为肩部，在两侧肩水平线中央有腹吸盘。腹吸盘下方有弯曲的子宫，虫体中后部有2个睾丸，前后排列。

虫体两侧有黑色颗粒状的卵黄腺。肝片吸虫雌雄同体。虫卵呈卵圆形、黄褐色，卵壳薄而透明，充满卵黄腺产生的卵黄细胞。大片形吸虫的形态与肝片吸虫基本相似，呈长叶状，无明显肩部，虫体长33～76毫米，宽5～12毫米，虫体两侧边较平行，后端钝圆。虫卵呈深黄色，明显大于肝片吸虫卵。

肝片吸虫虫体
（王春仁）

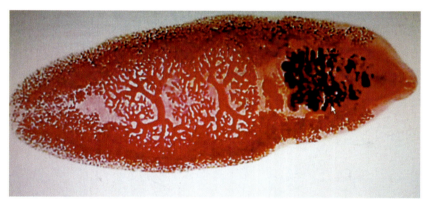

肝片吸虫形态

【流行病学】

片形吸虫病在我国分布最广泛，危害严重，人也可感染。中间宿主椎实螺是本病流行的关键因素。本病呈地方性流行，多发生于温暖潮湿的春末及夏秋季节，特别是在低洼潮湿的地方，椎实螺易滋生，易诱发本病。肝片吸虫毛蚴通常只能生存6～36小时，若在此期间遇不到适宜的中间宿主即逐渐死亡。囊蚴对外界因素的抵抗力较强，26℃条件下在水中3个月仍能感染动物。虫卵在水中能生存近半年，但对低温、高温和干燥很敏感。

【临床症状】

牛片形吸虫病多呈慢性经过，犊牛症状明显，成年牛一般不明显。病牛逐渐消瘦、被毛粗乱、易脱落。食欲减退，反刍紊乱，继而出现周期性前胃弛缓和瘤胃臌气，行动缓慢无力，结膜苍白。后期下颌、胸下出现水肿，触摸有波动感或捏面团感觉，无痛热。高度贫血。母牛不孕或流产，公牛生殖力降低。

【诊断】

根据流行病学、临床症状、剖检和虫卵检查来综合判断。粪便检查虫卵，可用沉淀法或尼龙筛兜集卵法。如找出虫卵，结合症状，即可作出诊断。

急性病例通常找不到虫卵，可进行剖检。若见肝脏肿大，表面有纤维素沉着和暗红色虫道，切开挤压后发现幼虫，便可确诊。

【防治】

春、秋两次驱虫是预防本病的重要措施。为防止虫卵孵化，应将粪便进行堆肥发酵，以免散布病原。灭椎实螺以消灭中间宿主，并避免在低洼草地放牧、饮水。保障清洁饮水是预防本病的重要措施。

处方1 硝氯酚（拜耳9015），以5～8毫克/千克体重计，一次灌服。

处方2 丙硫苯咪唑（抗蠕敏），其用量均以10～15毫克/千克体重计，一次灌服。

处方3 溴酚磷（蛭得净），其用量均以12毫克/千克体重计，灌服。此为目前较为常用的一种药物，对成虫和幼虫的杀死效果均较好。

处方4 三氯苯咪唑（肝蛭净），以10～15毫克/千克体重计，灌服。急性病例5周后重复给药1次，泌乳牛禁用。

二十八、前后盘吸虫病

前后盘吸虫病又称同盘吸虫病，是由前后盘科的多种前后盘吸虫引起的一种寄生虫病。成虫寄生在瘤胃和网胃壁上，幼虫寄生在真胃、小肠、胆管和胆囊。成虫的致病力不强，而幼虫寄生数量较多时发病较为严重，甚至导致病牛死亡。

【病原】

前后盘吸虫病病原中最常见的是鹿同盘吸虫，又称鹿前后盘吸虫，寄生在牛的瘤胃和胆管内。新鲜虫体呈淡红色，圆锥形，稍向腹面弯曲。虫体长5～12毫米，宽2～4毫米。口吸盘较腹吸盘小。虫卵呈椭圆形、灰白色，内含一个圆形胚细胞。卵黄细胞常集结在虫卵的一侧或一端，卵壳内有较大空隙且透明度较大。卵的大小为（136～142）微米×（70～75）微米。

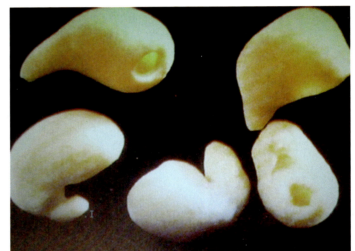

前后盘吸虫形态

【流行病学】

前后盘吸虫病遍及全国各地，南方较北方多见。

本病多发于夏季和秋季。特别是长期在低洼湖滩地放牧时，牛吞食较多的感染性囊蚴便可发病。前后盘吸虫卵的抵抗力很强，卵内如已形成毛蚴，则可保持生活力达7个月以上。同盘吸虫的中间宿主为淡水螺。

【临床症状】

在成虫期，牛一般不出现明显可见的症状。只有成虫以强大的吸盘吸附在瘤胃黏膜上时，病牛才出现前胃弛缓、食欲不振等症状。

在幼虫期，幼虫移行能对小肠和真胃黏膜造成卡他性炎症或出血性炎症，或引起肠黏膜坏死和纤维素性炎症。若牛大量感染，病牛常表现为顽固性腹泻，粪便有腥臭味，精神不振，厌食，体温有时升高。病牛有时出现腹痛，剖检可见胆管、胆囊膨胀，内有幼虫。严重时，可见下颌、胸腹或全身水肿。

【诊断】

虫体检查　将瘤胃壁上的虫体放在70%酒精中固定，镜检。虫体呈粉红色，长圆锥形，大小为0.5～1.2厘米，两端有吸盘，可判定为前后盘吸虫。

虫卵检查　取病牛新鲜粪便5克，加清水捣碎搅匀后，用孔径为270微米纱网过滤。静置25分钟后去上清液，再加清水，如此重复3次，取沉渣涂片镜检。虫卵呈灰白色，椭圆形，卵黄细胞未充满整个虫卵，另一端留有空隙，可判定为虫卵阳性。

【防治】

每年春、秋进行两次驱虫。及时对粪便堆积发酵，利用生物热杀死虫卵。为避免牛感染囊蚴，尽量不在低洼沼泽地放牧，并保障饮用水清洁。流行地区开展药物灭螺，选用20毫克/升的硫酸铜溶液对淡水螺进行喷杀。

处方1 硫氯酚（别丁），其用量以50～70毫克/千克体重计，一次灌服。

处方2 氯硝柳胺（灭绦灵），其用量以50毫克/千克体重计，配成混悬液，灌服。

处方3 硝氯酚，其用量以6毫克/千克体重计，一次灌服。

二十九、阔盘吸虫病

阔盘吸虫病又称胰吸虫病，是阔盘属的吸虫寄生在牛胰管中引起胰管炎症、贫血和营养障碍的一种寄生虫病。本病在我国东北、西北等牧区及南方各地都有发生。除反刍动物外，也有寄生于人的报道。

【病原】

病原有3种，最为普遍的是胰阔盘吸虫，其次是腔阔盘吸虫和枝睾阔盘吸虫。

胰阔盘吸虫　新鲜虫体呈棕红色，经福尔马林固定后变为灰白色。虫体扁平、较厚，呈长卵圆形。虫体大小为（8～16）毫米×（5～5.8）毫米。口吸盘较腹吸盘大，很发达。虫卵呈正椭圆形、深褐色，内含一个椭圆形的毛蚴。虫卵大小为（42～50）微米×（26～33）微米。

腔阔盘吸虫　虫体比胰阔盘吸虫小，呈短椭圆形。新鲜虫体为棕红色，经福尔马林固定后为灰白色，体后端有一明显的尾突。口吸盘等于或小于腹吸盘，大小为（4.8～8.0）毫米×（2.7～4.8）毫米。虫卵较胰阔盘吸虫小，其形态构造和胰阔盘吸虫相似，虫卵大小为（34～47）微米×（26～36）微米。

枝睾阔盘吸虫　呈前端尖、后端钝的瓜子形，大小为（4.5～7.9）毫米×（2.2～3.1）毫米。口吸盘大于腹吸盘，睾丸较大而分枝。虫卵大小为（45～52）微米×（30～34）微米。本病主要流行季节为春、秋两季，以秋季为主。成虫在终宿主牛体内寄生可达7年以上，并随粪便经常排出大量的虫卵。虫卵被第一中间宿主蜗牛吞食后发育为尾蚴，之后又经第二中间宿主草螽或针蟋，在其体内发育为囊蚴。牛在吃草时，将含囊蚴的第二中间宿主吞食后被感染。在牛体内发育为成虫需80～100天。

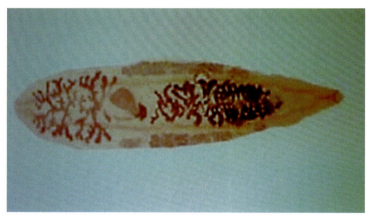

胰阔盘吸虫形态

【临床症状】

牛体内寄生虫少时，临床症状不甚明显。阔盘吸虫大量寄生时，由于虫体的机械刺激和毒素作用，胰管会发生慢性增生性炎症，管壁增厚使管腔变窄甚至闭塞，致使胰液排出受阻，引起消化功能紊乱。病牛表现为消化不良、消瘦、贫血，颌下和胸前皮下水肿，下痢，粪便中混有黏液。少数病牛有腹痛症状，重症者可导致死亡。

【诊断】

结合流行病学、临床症状可作出初步诊断。必要时检查粪便虫卵，可采用水洗沉淀法。方法是，在直肠取粪5克，加水捣碎搅匀后，依次经孔径大小为165微米、74微米和61微米的纱网过滤。3次滤过的粪液再反复水洗沉淀3次，每次静置15分钟，最后吸取沉渣，制片镜检。若检查到虫卵，即可确诊。

【防治】

在阔盘吸虫病流行地区，于每年初冬和早春进行驱虫。有条件的牧场可实行划区轮牧，以避免感染。注意消灭第一中间宿主蜗牛。因为第二中间宿主在牧场广泛存在，扑灭难度较大。

处方1 吡喹酮，其用量以35毫克/千克体重计，用植物油混匀后，灌服。

处方2 吡喹酮，其用量以50毫克/千克体重计，用液体石蜡或灭菌植物油配成20%油剂，臀部分2点深部肌内注射。

处方3 六氯对二甲苯（血防846），其用量以200～250毫克/千克计，配成混悬液灌服，隔天1次，3次为1个疗程。

三十、日本分体吸虫病

日本分体吸虫病又称血吸虫病，是由分体属的日本血吸虫寄生在牛的门静脉、肠系膜静脉和盆腔静脉内引起的一种寄生虫病，也是一种人畜共患病。临床上以消瘦、贫血、腹泻等为特征。本病在我国南方广为流行，严重危害人畜健康。本病属于《传染病防治法》中乙类传染病。

【病原】

日本分体吸虫病病原为日本分体吸虫，雄虫呈乳白色，体长10～20毫米，宽0.5～0.55毫米。口吸盘在体前端，腹吸盘位于口吸盘的后方。体壁向腹面弯曲成镰刀状的抱雌沟，雌虫体较细长，常居于抱雌沟内，呈合抱状态，交配产卵。雌虫体长15～26毫米，宽0.3毫米，呈暗褐色。虫卵椭圆形、淡黄色，卵内含一个活的毛蚴。

雌虫居雄虫抱雌沟内，呈雌雄合抱状

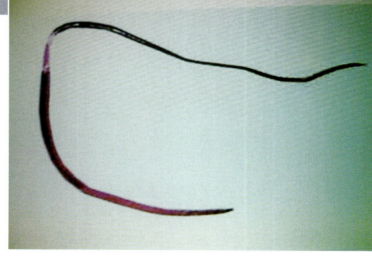

日本分体吸虫形态，雌雄异体

【流行病学】

日本分体吸虫病在很多地区均有发生。由于中间宿主钉螺和尾蚴的逸出均受温度的影响，所以本病的感染多发生于春、夏季节，发病多见于夏、秋季节。一般情况下，牛是通过饮用被尾蚴污染的水，经过皮肤或口腔黏膜而感染。在牛体内，尾蚴随血流到达门静脉等寄生部位发育为成虫。

【临床症状】

病牛多表现为慢性经过，只有突然感染大量尾蚴时才急性发病。

急性型　病牛精神沉郁，食欲减退，体温升高，呈间歇热。急性感染20天后发生腹泻，粪便中带有黏液和血液。黏膜苍白，消瘦，最终衰竭死亡。

慢性型　病牛精神不振，食欲时好时差。可见黏膜苍白，极度消瘦，有时可见腹泻，粪便带血，生长发育受阻。孕牛尚可见流产。

【诊断】

确诊必须找到病原。粪便沉淀孵化法较为可行，即取粪便30克，沉淀后将粪渣置于500毫升三角瓶内，加清水至瓶口，置于室温中孵化。在4小时、12小时和24小时后，用放大镜或肉眼观察，见有毛蚴便能确诊。若剖检病牛，则趁内脏尚热，拎起肠系膜根，展开系膜，对光观察。若能见到在肠系膜静脉残留的红色血液中有白色的吸虫，即可诊断。

【防治】

加强管理，粪便要堆积发酵，严防粪便污染水源。做好人畜饮水卫生，避免牛群接触被粪便污染的水源。做好消灭钉螺的工作。

处方1　吡喹酮，其用量以30毫克/千克体重计，用植物油混匀后，一次灌服。

处方2　硝硫氰胺（7505），其用量以40～50毫克/千克体重计，一次灌服。

处方3　敌百虫，其用量以80～100毫克/千克体重计，一次灌服，每天1次。体重超过300千克的仍按300千克计，即最大剂量不超过22.5克。

三十一、莫尼茨绦虫病

莫尼茨绦虫病是由莫尼茨绦虫寄生在牛小肠中引起的寄生虫病。莫尼茨绦虫病常呈地方性流行，是反刍兽绦虫病中最为常见和危害较严重的一种，且常与其他绦虫（如曲子宫绦虫、无卵黄腺绦虫）混合感染，协同致病。本病轻则影响病牛生长发育，严重时可导致死亡。

【病原】

莫尼茨绦虫有扩展莫尼茨绦虫和贝氏莫尼茨绦虫2种。

扩展莫尼茨绦虫　全长可达6米的大型绦虫。头节呈球形，上有4个吸盘，功能是附着。头节后是颈节，能不断向后生长节片。随后为体节，体节宽度大于长度，最宽可达16毫米。节片分为成熟节片和孕卵节片，其中孕卵节片可单独或几片连在一起脱落，随粪便排出体外。成熟节片有一排泡状节间隙，8～15个。虫卵呈三角形、方形或圆形，卵内有一个含有六钩蚴的梨形器（此为裸头科虫卵的特征）。

贝氏莫尼茨绦虫　形态与扩展莫尼茨绦虫极为相似，但体节更宽，最宽可达26毫米。节间腺呈横带状排列。虫卵为方形，与扩展莫尼茨绦虫虫卵相似。

【流行病学】

莫尼茨绦虫的中间宿主是地螨。地螨喜潮湿温暖环境，故春夏秋季的早晨、黄昏和夜晚的地螨数量最多，特别是雨后。犊牛及幼龄牛较易感本病。当牛吞食了含似囊尾蚴的地螨即可被感染，似囊尾蚴吸附在牛的小肠黏膜上，经40～50天发育为成虫。成虫生存期2～6个月，随后由肠道排出。

【临床症状】

轻度感染时不表现症状，尤其是成年牛。病牛一般呈慢性经过，犊牛及幼龄牛在严重感染后表现为食欲降低、饮欲增加、出现贫血和水肿。病牛被毛粗乱，形体消瘦，便秘和腹泻交替发生，有时粪便中混有孕卵节片或链状体，有时还能见到节片呈链状吊在肛门处。

小肠内绦虫

有的病牛因虫体成团而引起肠阻塞，产生腹痛甚至肠破裂，因腹膜炎而死亡。

若绦虫的代谢产物对病牛呈现中毒作用，则病牛可出现抽搐、回旋或头向后仰等神经症状。后期，病牛常将头折向后方、虚口磨牙、流涎，卧地不起，因衰竭而死亡。

【诊断】

如发现粪便中混有孕卵节片，便能作出诊断。必要时，可用饱和盐水漂浮法或直接抹片法检查粪便中有无虫卵。

【防治】

本病的预防应重点放在消灭中间宿主地螨上，并定期预防性驱虫。

处方1 氯硝柳胺（灭绦灵），其用量以50毫克/千克体重计，一次灌服。

处方2 吡喹酮，其用量以10～15毫克/千克体重计，用植物油混匀后，灌服。

处方3 丙硫苯咪唑，其用量以10～15毫克/千克体重计，配成1%混悬液，灌服。

处方4 硫双二氯酚，其用量以50毫克/千克体重计，一次灌服。

处方5 南瓜子70克、槟榔125克、白矾25克、雄虱25克、川椒25克，水煎取汁，一次灌服。

扩展莫尼茨绦虫大体形态
（甘肃农业大学家畜寄生虫室）

扩展莫尼茨绦虫孕卵节片

三十二、消化道线虫病

消化道线虫病是由寄生在消化道内的各种线虫引起的疾病。临床上，以病牛食欲减退、消瘦、贫血、胃肠炎、水肿等为特征。牛的消化道线虫种类很多，它们虽具有各自引起疾病的能力，但往往混合感染。本病流行分布广泛，是牛的重要寄生虫病之一，给养殖业造成严重的经济损失。

【病原】

消化道线虫主要有捻转血矛线虫、仰口线虫、食道口线虫、奥斯特线虫、马歇尔线虫、毛圆线虫、细颈线虫、古柏线虫、夏伯特线虫、毛首线虫。其中，以捻转血矛线虫寄生最为普遍，危害最大。下面介绍其中的3种线虫。

捻转血矛线虫　寄生在皱胃中的大型线虫，偶见于小肠。虫体呈毛发状，头端尖细，内有一角质矛状齿，故称血矛线虫。该虫吸血量大，使虫体呈淡红色。因白色的生殖器官与红色的消化管（吸血）相互缠绕，呈麻花状，因此该虫又称麻花虫或捻转胃虫。雄虫长15～19毫米，雌虫长27～30毫米，阴门位于虫体后半部，有一明显瓣状阴门盖。虫卵椭圆形、灰白色。卵壳薄而光滑，卵壳内几乎被胚细胞充满。

捻转血矛线虫

仰口线虫　寄生在小肠中，乳白色或淡红色。因头端向背面弯曲呈钩状，故称仰口线虫，俗称钩虫。口囊大，内有多枚齿。雄虫长12.5～17毫米，雌虫长15.5～21毫米，尾端粗短而钝圆。虫卵两端钝圆，胚细胞大而数量少。

食道口线虫　寄生在结肠中，这类线虫中最主要的是哥伦比亚食道口线虫。该线虫乳白色，头端尖细，有发达的侧翼膜，致使身体前部弯曲如钩状。由于这一类线虫的幼虫阶段可以使肠壁发生结节，故又名结节虫。哥伦比亚食道口线虫雄虫长12～13.5毫米，雌虫长16.7～18.6毫米。虫卵呈椭圆形，胚细胞非常清晰并充满卵壳内空间。

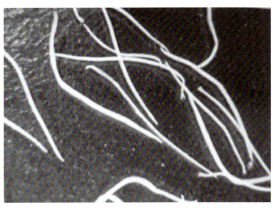

仰口线虫

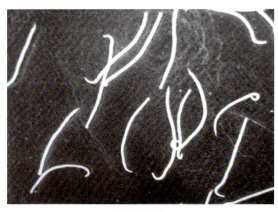

食道口线虫

【流行病学】

各种消化道线虫的流行特点和致病作用大致相似，现以捻转血矛线虫为代表进行介绍。

一个雌虫一天可排出 5 000 ~ 10 000 个虫卵，可见其数量之大。因此，虫卵对草地的污染特别严重。虫卵在外界具有较强的抵抗力。在其整个发育过程中不需要中间宿主，幼虫发育共分为 5 期。第一、二期幼虫的抵抗力较弱。第三期幼虫是感染阶段，具有很强的抵抗力，可抵抗干燥、高温、低温等不利因素的影响，甚至在北方牧场上可以越冬。当温度、湿度等环境条件适宜时，幼虫便从土壤或粪便中爬到牧草上，当环境不利时又返回藏匿，此为背地性；专门在早、晚、阴天、雨后向牧草爬行，此谓对弱光的趋弱光性；当草叶上有露水时，幼虫即喜爬向草叶，此谓对草的选择性。因此，第三期幼虫的生活习性与牛遭受感染的时机相当吻合，从而使牛极易被感染。

牛是捻转血矛线虫的易感宿主，特别是犊牛。

【临床症状】

病牛主要呈现食欲不振、生长发育受阻、消瘦、结膜苍白、贫血、消化功能紊乱、腹泻等症状。重症者下颌间隙和下腹部水肿。若有继发感染，则出现体温、呼吸、脉搏等变化。最终病牛因衰竭而死亡。

剖检病牛，可在消化道见数量不等的线虫。尸体消瘦，贫血。内脏器官苍白，胸腹腔和心包积水，大网膜、肠系膜胶样浸润，真胃黏膜水肿和卡他性炎症。小肠和盲肠有卡他性炎症，有时可见幼虫在肠壁上形成的结节。结节由被膜、结缔组织、白细胞层、虫体构成。

【诊断】

应根据流行病学、临床症状，结合剖检来综合判定。也可直接用涂片法或饱和盐水漂浮法镜检虫卵。因各种线虫虫卵一般不易区分，加之各种线虫病的驱虫方法基本相同，所以在一般情况下无必要对虫卵的种类加以鉴别。

【防治】

定期驱虫，特别在转入舍饲时和春季放牧前进行驱虫能取得较为理想的预防效果。加强饲养管理，保证饮水洁净，避免在低洼处放牧，避免吃露水草，以此减少感染机会。粪便堆肥发酵以杀死虫卵。

处方1 左旋咪唑，其用量以 8 毫克/千克体重计，一次灌服。

处方2 阿苯达唑，其用量以 5 ~ 10 毫克/千克体重计，一次灌服。

处方3 伊维菌素，其用量以 0.2 毫克/千克体重计，皮下注射。

处方4 精制敌百虫，其用量以 40 毫克/千克体重计，一次灌服。

三十三、细颈囊尾蚴病

细颈囊尾蚴病是由泡状带绦虫的中绦期幼虫——细颈囊尾蚴寄生在牛肝脏浆膜、网膜和肠系膜等处引起的一种寄生虫病。严重时，可在牛的胸腔、鞘膜腔见到细颈囊尾蚴。其成虫泡状带绦虫寄生在犬等动物小肠中。

【病原】

细颈囊尾蚴呈囊泡状，俗称"水铃铛"，泡内充满透明液体。囊体由黄豆大到鸡蛋大，囊壁上有一乳白色结节，即为颈部及内凹的头节所在。如将头节翻出，能见到一个相当细长的颈部，头节位于游离端，故称细颈囊尾蚴。

成虫为泡状带绦虫，体长可达5米。

肠系膜上的细颈囊尾蚴，头节已翻出

细颈囊尾蚴

【流行病学】

细颈囊尾蚴在各地分布很广。凡养犬的地方，一般都会感染细颈囊尾蚴。牛采食了被泡状带绦虫的节片或虫卵污染的饲草和饮水而被感染。

【临床症状】

细颈囊尾蚴病在成年牛上症状表现不明显，生前诊断困难。本病一般多呈慢性经过，病牛日渐消瘦、衰弱和黄疸。因细颈囊尾蚴对犊牛致病力强，因而犊牛症状稍明显。当六钩蚴移行至肝脏和腹膜时，则可进一步引起急性肝炎和腹膜炎。病犊牛出现体温升高，腹水增多，按压腹壁有疼痛感。若蚴虫一直在肝脏内发育，久后还可引起肝硬化。

【诊断】

生前诊断很困难，只有在剖检死牛后发现细颈囊尾蚴并结合临床症状，方能确诊。

【防治】

目前尚无有效的治疗办法，在临床上要取得良好的治疗效果很难。主要是加强预防措施，加强管理；注意饲草、饮水卫生；粪便堆积发酵；捕杀野犬，对家犬定期驱虫，严禁用内脏喂犬。

处方1　吡喹酮，其用量以30毫克/千克体重计，用适量植物油混匀，内服，每天1次，连用2天。

处方2　丙硫苯咪唑，其用量以15毫克/千克体重计，内服，隔天1次，连用3次。

处方3　吡喹酮，以30毫克/千克体重计，用适量植物油（灭菌）或用液体石蜡配成10%的溶液，在臀部分2点深部肌内注射，2天后重复1次。

三十四、硬蜱病

硬蜱病是由硬蜱引起的一种体表寄生虫病。硬蜱除直接侵袭牛群外，还常常成为焦虫病等多种传染病的传播者。蜱的种类很多，分布广泛，犊牛和年轻牛易患，对养殖业的危害十分严重。

【病原】

硬蜱又称草爬子、扁虱。硬蜱科有12个属，其中，对兽医学有重要意义的有7个属。

硬蜱呈红褐色或灰褐色，长椭圆形，背腹扁平，无头、胸、腹之分，大小为（5～6）毫米×（3～5）毫米。体表有弹性，能吸收大量血液。虫体分为假头和躯体两大部分。假头由假头基和口器组成，位于蜱的前段。躯体一般呈卵圆形，雄性背面几乎全是盾板，虫体后缘有方块形的缘垛。雌性盾板只限体前的1/3，且无缘垛，所以吸血量更大，吸饱血后的雌蜱像蓖麻子大小，且特别能耐饥。腹面最明显的是有4对足，还有肛门、生殖孔、呼吸孔和周围的沟及硬板，这些也是分类上的重要特征。虫卵呈卵圆形，黄褐色，胶着成团。

吸饱血后的蜱形如蓖麻子

硬　蜱

根据硬蜱发育过程中所需要宿主的不同，可将其分为3类。

一宿主蜱　幼虫、若虫、成虫均在一个宿主身上，直到成虫吸饱血后落地，如微小牛蜱。

二宿主蜱　幼虫、若虫在一个宿主身上，若虫吸饱血后落地蜕皮为成虫；成虫再爬到另一个宿主身上吸血（可为同种或不同种宿主），如残缘璃眼蜱。

三宿主蜱　幼虫、若虫、成虫依次更换宿主，大多数蜱均属此类型，如全沟硬蜱、草原革蜱等。

【流行病学】

蜱对外界抵抗力不强，一般抗干燥能力差。蜱因种类不同而生活环境各异，但其活动有明显的季节性，大多数在春季开始活动，活动一般在白天。蜱通常多在皮薄毛少、不易骚扰的体表寄生。

硬蜱的发育要经过卵、幼虫、若虫和成虫4个阶段。从卵发育至成虫的时间，依种类和气候以及获得宿主的情况而异，一般为3～12个月，长者可达1年以上。因硬蜱的各个发育阶段都有特别耐饥的习性，幼虫可耐饥1个月以上，若虫和成虫可达半年甚至1年以上。依据硬蜱的习性，在以后草地轮牧的时间上，通常应考虑1年以上才能将其饿死。同时，注意啮齿类动物的防控，因其是蜱的主要宿主。

【临床症状】

蜱主要寄生在皮薄、毛短的部位，如嘴、眼皮、耳朵、肢体内侧。刺咬皮肤时，使牛剧痒不安，引起局部皮肤发炎、水肿、出血、皮肤增厚。当大量虫体寄生时，由于吸血量大，可造成病牛贫血、消瘦、发育受阻。此外，蜱唾液内的毒素进入牛体后还可引起神经症状和急性肌肉萎缩性麻痹，甚至造成瘫痪。

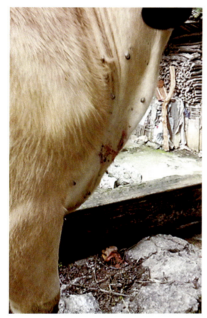
寄生在颈下的硬蜱

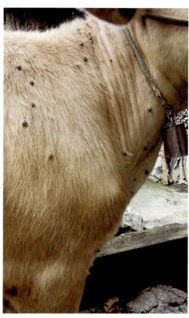
寄生在肩部的硬蜱

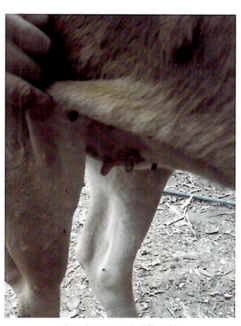
寄生在腹下、乳房的硬蜱

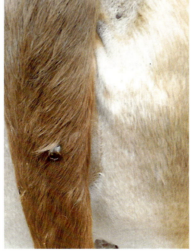
寄生在尾根部的硬蜱

【诊断】

结合临床症状，并在病牛身上检查到硬蜱虫体，即可作出诊断。

【防治】

由于硬蜱寄生的宿主种类分布区域广，所以必须充分了解和掌握硬蜱的生物学特性，包括硬蜱的生活习性、生活规律、消长季节和宿主范围。只有采取综合性的防治措施，才能取得良好效果。

草场灭蜱：采用轮牧，轮牧时间以1年以上为佳，以便将硬蜱饿死。

圈舍灭蜱：用0.05%～0.1%的溴氰菊酯喷洒墙壁、地面和用具等。

牛体灭蜱：当少量寄生时，可用镊子人工捕捉，并使蜱体与牛体皮肤呈垂直状外拔，以避免蜱的口器断落在牛体内。寄生数量多时，宜采用药物灭蜱，如3%马拉硫磷、5%西维因等粉剂涂擦体表，每次用量为50～80克，每隔10天处理1次。

处方1　阿维菌素或伊维菌素，其用量以0.2毫克/千克体重计，一次皮下注射。

处方2　选用辛硫磷、溴氰菊酯、二嗪农（螨净）等，按说明书规定稀释后对体表进行喷洒。

三十五、疥螨病

疥螨病俗称疥癣、疥疮，是由疥螨属的疥螨寄生在体表和表皮内所引起的接触性、传染性、慢性的寄生虫病。病牛表现为皮肤发生炎症、脱毛、结痂和剧痒，往往在短期内引起严重感染。

【病原】

疥螨病病原为疥螨，虫体小，肉眼不易看到，雌螨大小为（0.33～0.45）毫米×（0.25～0.35）毫米，雄螨为（0.2～0.23）毫米×（0.14～0.19）毫米。虫体呈卵圆形，微黄白色，背腹扁平。虫体分头、躯体两部分。头称为假头，由假头基和口器组成，具有采食功能。虫体体表的刚毛小刺及分泌的毒素，可刺激皮肤神经末梢使皮肤发痒。

【流行病学】

疥螨是一种永久性寄生虫，其全部发育过程均在动物体中度过，包括卵、幼虫、若虫和成虫4个阶段，对外界抵抗力较弱。本病主要发生在冬季和秋末、春初，特别是在圈舍潮湿、卫生状况不良、牛群拥挤、牛毛长而密、皮肤表面湿度较高的条件下极易流行。

【临床症状】

其病变主要以疹性皮炎、脱毛、形成皮肤干痂为特征。病变主要局限在头颈部，严重感染时才蔓延至全身。疥螨病病初皮肤发红、肥厚，继而出现丘疹、水疱，继发细菌感染可形成脓疱。严重时，患部皮肤形成皱褶或龟裂，干燥、脱屑。

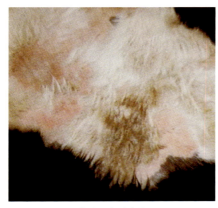
脱毛区皮肤潮红

颈部和背部可见多个脱毛区

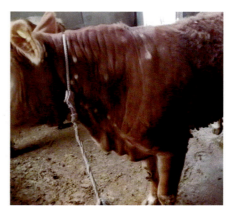
局部脱毛

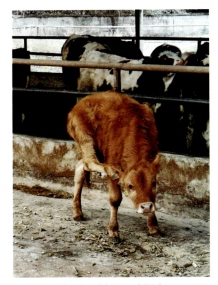
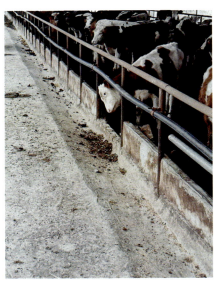

| 头颈部剧痒，用蹄搔痒 | 头颈部剧痒，在栏杆上反复摩擦蹭痒 | 被毛粗乱，消瘦 |

【诊断】

根据临床症状和流行病学资料进行分析，但应与湿疹、过敏性皮炎、秃毛癣、虱病进行区别。必要时可刮取皮屑，用煤油浸泡法。将病理材料置于载玻片上，滴煤油数滴，加一张盖玻片，用手来回搓几下，将皮屑粉碎，然后在显微镜下检查病原。

【防治】

螨虫病会导致病牛消瘦和体况下降，且感染速度特别快，应引起重视。平时注意圈舍卫生，保持通风、干燥、干净，控制饲养密度，避免过度拥挤。对牛进行预防性的定期体表杀虫，发现病牛要及时隔离治疗。牛舍内外要用杀虫剂杀灭虫卵，粪便要做杀灭虫卵的无害化处理。

在治疗的同时，应注意有无舔毛等异嗜癖症状的病牛。对有异嗜癖症状的病牛，在治疗前应对症治疗，补饲有微量元素、矿物质、维生素的预混料或舔砖。对体况较差的病牛，应及时增喂配合饲料，以增强其体质。螨虫病的治疗是一个综合的治疗过程，不是单个治疗环节可轻易奏效的。其中，干燥、通风和补充微量元素及维生素是不可或缺的重要手段。本病治疗是一个漫长的过程，应引起应有的重视。随着气温的回升，疹性皮炎、脱毛、皮肤干痂的病变会逐渐得到缓解。

处方1 伊维菌素，其用量以0.2毫克/千克体重计，颈部皮下注射，间隔7天再重复用药1次，重症者可连用3～5次。

螨净（二嗪农），按说明稀释后喷洒。治螨虫时，应隔3～5天再重复喷洒1次。也可用双甲脒、杀虫脒、溴氰菊酯、辛硫磷、氰戊菊酯等按说明稀释后喷洒体表。

处方2 5%敌百虫（来苏儿5份，温水100份，再加入5份敌百虫），局部涂擦。或用0.2%杀虫脒适量，局部涂擦。

处方3 对有皮肤炎症的病牛，应同时肌内注射长效土霉素或头孢类抗生素，其用药疗程应视炎症程度而定。

处方4 2%敌百虫液，用于喷洒圈舍和周围环境。

处方5 克辽林擦剂（克辽林1份、软肥皂1份、酒精8份，调匀）涂擦。

三十六、痒螨病

痒螨病是由痒螨属的痒螨寄生在牛体表而引起的一种寄生虫病。其临床上以剧痒、皮肤炎症、脱毛为特征。

痒螨有严格的宿主特异性，牛痒螨主要寄生于牛。痒螨虫体为长圆形，比疥螨大，虫体长0.5～0.9毫米，肉眼可见，寄生于皮肤表面。口器长，呈圆锥形，共有4对足，前2对足较发达。虫卵灰白色，呈椭圆形，黏附在上皮的鳞片上。

【流行病学】

痒螨寄生在牛的皮肤表面，对不利因素的抵抗力超过疥螨，离开宿主后仍具有较强的抵抗力。牛体表的温湿度对痒螨影响很大。当牛体瘦弱时，潮湿、阴暗、拥挤的环境更易使其感染和发生。本病主要发生在秋、冬季及早春，通过接触传染。圈舍、饲料、饮水、用具等均可使其传播和发生。

【临床症状】

水牛、黄牛感染时，多发生于角根、颈部和腹侧。严重时也会蔓延至全身，患部剧痒。临床表现为皮肤损伤，渗出液形成痂皮，导致皮肤增厚，失去弹性。牛的痒螨一般在气候变暖后逐渐好转。其病变以皮肤表面形成结节、水疱、脓疱，后者破溃、干涸形成黄色柔软的鳞屑状痂皮为特征。

躯干部脱毛，有痒感

在栏杆上反复摩擦颈部

在栏杆上用力摩擦耳根部

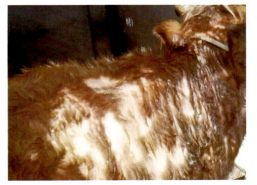
颈部、胸壁严重脱毛

眼睑四周脱毛

腹侧脱毛

腹侧壁严重感染后脱毛　　　　　后躯大面积脱毛、剧痒　　　　皮肤损伤、脱毛、增厚失去弹性

【病原】

与"疥螨病"相同。

【诊断】

与"疥螨病"相同。

【防治】

与"疥螨病"相同。

三十七、蠕形螨病

蠕形螨病是由蠕形螨属的牛蠕形螨寄生在牛的毛囊和皮脂腺内所引起的一种皮肤病。各种家畜均有其专一的蠕形螨寄生，彼此互不感染。牛患本病后能使皮革多处穿孔，从而造成很大的经济损失。

【病原】

蠕形螨虫体细长，呈蠕虫状，故称蠕形螨。因其寄生在毛囊和皮脂腺内，又称为毛囊虫或脂螨。一般长0.25～0.3毫米，宽0.04毫米。可分为假头（口器）、胸、腹3部分。胸部宽，有4对短而粗的足；腹部长有细密的横纹。虫卵呈纺锤形。

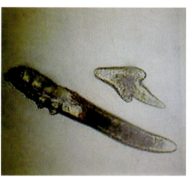

虫体形态

【流行病学】

牛蠕形螨的发育均在宿主身上进行。虫体的抵抗力较强，在体外湿润的环境中可生存数天。而本病的发生主要是接触传染，当牛与病牛或被污染的物体接触时，一旦虫体遇有发炎的皮肤，即可引发本病。牛能感染本病，且幼龄牛多发。本病在很多地方流行，感染极其普遍和严重，有些地方感染率高达70%～80%。

【临床症状】

蠕形螨常寄生在比较薄嫩的皮肤深处的毛囊、皮脂腺内，特别是在面部、颈部、背部、腹下、股内侧等处。一般无疼痛或痒感，因此早期的轻度感染不易被发现。在寄生部位可见针头大至沙粒大的蠕形螨结节，内含粉状物或脓液，周围有不同程度的炎症。患部皮肤肥厚、污秽、凹凸不平，有的呈痂屑样。

【诊断】

用手术刮取或挤出囊肿和脓疱，取其内容物涂片镜检，即可发现大量虫卵及虫体。

【防治】

注意圈舍、用具及牛体卫生，保持圈舍通风干燥，避免过度拥挤。及时对病牛隔离治疗，并定期用药喷洒、涂抹体表。

处方1　伊维菌素，其用量以0.2毫克/千克体重计，颈部皮下注射，隔天重复1次。

处方2　5%福尔马林，浸润5分钟，隔3天1次，连用6次。

处方3　14%碘酊外部涂抹，连用6～8次。

在上述治疗时，对已形成脓疱的病牛还应辅以抗生素治疗。

三十八、住肉孢子虫病

住肉孢子虫病是肉孢子虫属的原虫，即住肉孢子虫，寄生于牛的食道、膈肌和心肌以后所引起的一种慢性寄生虫病。其特征是在心肌等寄生部位形成特殊的包囊——米氏囊。本病在我国不同程度地流行，由于局部肌肉变性、变色而不能食用，给养殖业造成一定的经济损失。这种病偶尔也感染人。

膈肌内寄生的肉孢子虫，虫囊大而长
（许益民）

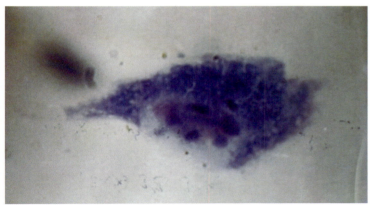

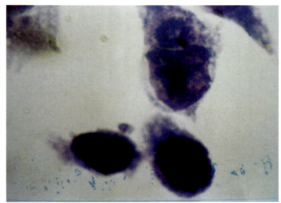

住肉孢子虫（亚甲蓝染色）

【病原】

住肉孢子虫为较大的一种原虫，呈卵形或椭圆形，长1厘米，灰白色，主要寄生于食道、心肌和膈肌，在肌肉内形成与肌纤维平行的包囊，也称米氏囊。包囊大小为1～3厘米。包囊内的小室包含有许多滋养体，滋养体内核偏向一端，胞浆中有许多异染颗粒。

【流行病学】

住肉孢子虫在发育过程中是需要2个宿主的寄生虫。中间宿主主要是草食动物，终末宿主是肉食动物。当犬、猫这些终末宿主吞食了寄生在肌肉内的米氏囊后，经9～10天产生的卵囊和孢子囊便随粪便排出。当牛吃下这些孢子囊和卵囊后进行裂体增殖，随后，裂殖体崩解后释放出的裂殖子侵入肌纤维形成米氏囊。牛主要经消化道感染本病。当牛采食了被住肉孢子虫卵囊和孢子囊污染的饲草以及饮水后，即可导致本病的发生。

【临床症状】

一般无明显的临床症状。成年牛均为隐性经过，犊牛症状稍明显，但不具特异性。严重感染时，病牛可出现食欲减退、发热、贫血、消瘦、淋巴结肿大、腹泻，行走时后躯摇摆无力。剖检尚可见肌纤维变性坏死、淋巴结炎、浆膜出血点等病变。

【诊断】

临床症状一般不明显，特别是成年牛多为隐性经过。诊断时，常剖检易寄生部位。取病牛的食道肌、膈肌和心肌等肌肉，切成薄片状，置于两玻片间压扁后，镜检有无米氏囊。若为较大的囊，肉眼也能见到。如虫体死亡、钙化，则呈灰白色斑点状硬结或不明显斑纹。

【防治】

防止肉食动物吞食含有包囊的肌肉是预防本病的关键。粪便要堆积发酵。将寄生有肉孢子虫的肌肉等销毁，做好肉品检验工作。人能充当本病的终末宿主，因此要特别重视食品安全。

目前尚无可杀灭虫体的有效药物，下列药品可有一定的治疗作用。

处方1 氨丙啉，其用量以0.1克/千克体重计，灌服。

处方2 伯氨喹、氯喹，其用量各以1.25毫克/千克体重计，一次灌服。

处方3 吡喹酮，其用量以50毫克/千克体重计，用适量植物油混匀后，一次灌服。

三十九、小叶性肺炎

小叶性肺炎是部分肺小叶群的炎症，而炎症性质为卡他性，其炎性渗出物以浆液和脱落的上皮细胞为主，因此又称卡他性肺炎。同时，本病多是由支气管炎蔓延至肺泡同时或先后发病，所以又称支气管肺炎。临床上以弛张热、叩诊呈散在的岛屿性浊音、听诊浊音区肺泡音消失为特征。

本病多发生于早春和晚秋季节，牛不分大小均可发生，犊牛更为多见。

【病因】

小叶性肺炎多是在细支气管炎的基础上发生的。其主要是各种病原微生物（如肺炎球菌、巴氏杆菌、沙门氏菌、链球菌及病毒等）在有害因子（寒冷、感冒、长途运输和B族维生素缺乏等）的影响下，机体抵抗力降低，特别是呼吸道防御能力减弱，进入呼吸道的病原微生物可大量繁殖，从而引起支气管炎，并使炎症沿支气管蔓延至肺泡。另外，病原微生物也能经血液运行至肺部，引起间质发炎，继而波及支气管和肺泡，引起小叶性肺炎。

【临床症状】

病牛精神沉郁，食欲减退或废绝，结膜潮红。体温升高至40～41℃，呈弛张热，有的呈间歇热。脉搏、呼吸增数，达100次/分左右。呼吸困难，咳嗽明显，初期为干咳、痛咳，后为湿咳。流出少量浆液性、黏液性或黏液脓性鼻液。

【诊断】

根据病史和典型的临床症状，即弛张热型，叩诊呈散在性浊音及全身症状较重等可作出初步诊断。但应与大叶性肺炎相区别。大叶性肺炎呈典型经过，稽留热型，肺有大面积浊音区，听诊有支气管呼吸音。而某些传染病除具有本病症状外，还具有流行病学特征和各原发病的固有症状。

肺炎模式图
1.表面的肺炎病灶 2.深部的肺炎病灶
3.个别肺小叶发炎

【防治】

加强饲养管理，供给富含维生素的草料。注意圈舍保暖、通风和卫生，积极治疗原发病，减少致病因素。

处方1 头孢噻呋钠2克、10%磺胺嘧啶钠20毫升，分别肌内注射，每天1次，连用5天。

处方2 青霉素、链霉素各400万国际单位，肌内注射，每天2次，连用3～5天。

处方3 土霉素注射液，其用量以10～20毫克/千克体重计，5%氟苯尼考注射液，其用量以10～20毫克/千克体重计，肌内注射，每天1次，连用3天。

处方4 银翘散加减：金银花40克、连翘45克、牛蒡子60克、杏仁30克、前胡45克、桔梗60克、薄荷40克。用法：共研为细末，开水冲调，候温灌服，共3剂。

四十、大叶性肺炎

大叶性肺炎是指此型肺炎常侵犯一个大叶、一侧肺叶或全肺，故称大叶性肺炎。本病为一种高热且多呈定型经过的急性肺炎，是以细支气管和肺泡内充满大量纤维素性渗出物为特征，因此又称为纤维素性肺炎。牛常发生本病。

【病因】

大叶性肺炎一般分为传染性和非传染性2种。但非传染性大叶性肺炎在临床上较少见，一般多继发于某些传染病，如传染性胸膜肺炎、巴氏杆菌病、链球菌病等，都具有典型大叶性肺炎症状。而感冒、长途运输、吸入有害气体、营养不良等均可诱发本病。某些病原微生物如葡萄球菌、肺炎球菌的继发感染，对本病的发生也具有一定作用。

【临床症状】

病原体沿支气管、血管和淋巴管扩散，炎症侵害大片肺叶及胸膜。由于毛细血管壁损伤可引起纤维素渗出和出血。炎症一般位于一侧或两侧的尖叶、心叶、副叶和膈叶的前下区。呈定型经过，病程发展分为充血渗出期、红色和灰色肝变期、溶解吸收期。

病初患牛体温升高达40～42℃，呈稽留热型，6～7天后骤然下降至常温。病初脉搏强而有力，但次数仅增加10～15次，这与高热体温极不相称。这种特殊现象可作为本病早期诊断的重要依据之一。

初期鼻液量少，为浆液性或黏液性；到充血和红色肝变期，则混有血液而呈铁锈色；溶解吸收期又变为多量黏液性鼻液。病牛呼吸增数，大片肺叶炎症时则呼吸困难。肝变期为痛苦状弱咳，溶解吸收期则变为长的湿性咳嗽。

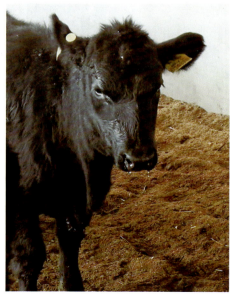

病牛流黏液性和脓性鼻液

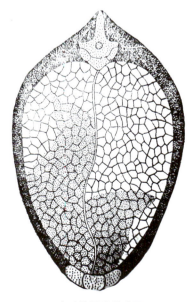

大叶性肺炎模式图

病初听诊肺泡呼吸音增强，随渗出物增多可听到湿性啰音；到肝变期，肺泡呼吸音消失而出现病理性的支气管呼吸音；至溶解吸收期，则出现湿性啰音。肺部叩诊，充血期呈半浊音，而肝变期则为浊音，时间可持续3～5天。

【诊断】

根据高热稽留，临床上有明显的定型经过，肺部呈大片浊音区及有时出现铁锈色鼻液即能确诊。

【防治】

加强饲养管理，饲喂营养全面的草料，圈舍通风、保暖。对于由传染病或寄生虫病引起的肺炎，要及时根除病因。

处方1 盐酸异丙嗪注射液2毫升、30%安乃近注射液10毫升，分别肌内注射。

处方2 10%安钠咖注射液20毫升，皮下注射；30分钟后用头孢曲松钠4克溶于2 000毫升生理盐水中，静脉注射。每天2次，连用3～5天。

处方3 青霉素钠和链霉素各400万国际单位，10%磺胺嘧啶钠20毫升，分别肌内注射，每天2次，连用3～5天。

处方4 多西环素（强力霉素）注射液，其用量以1～3毫克/千克体重计，缓慢肌内注射，每天1次，连用3天。

四十一、前胃弛缓

前胃弛缓是前胃兴奋性和收缩力降低的一种疾病。临床上，以食欲、反刍、嗳气减少或停止，瘤胃蠕动次数减少，消化功能紊乱为特征。中兽医称本病为脾虚慢草或脾虚不磨，其本质是因脾胃虚弱而引起的以慢草和不食为主要症状的一类病症。

本病多见于舍饲牛和老年牛。

【病因】

原发性前胃弛缓　这多与饲养管理不当有关。饲草单一、品质低劣、长期饲喂含大量粗纤维和不易消化的草料（如秸秆或霉变饲草）、饲料突然改变、精料过细或过多、饥饱不均、饮水不足、运动缺乏、维生素和矿物质缺乏或过多、长期添加广谱抗菌药物导致瘤胃菌群失调等诸多因素均可引发本病。

继发性前胃弛缓　瘤胃积食、瘤胃臌气、瓣胃阻塞、产后瘫痪、骨软病、妊娠毒血症、布鲁氏菌病、巴氏杆菌病、消化道线虫病、肝片吸虫病、细颈囊尾蚴病以及感冒等均可继发前胃弛缓。

【临床症状】

病牛表现为不同程度的食欲减退或废绝，反刍和嗳气减少或停止，瘤胃蠕动次数减少，持续时间缩短，蠕动波幅变小；病牛常呈间歇性臌气。有的病例表现为拉稀，粪便中可见黏液；有的便秘；有的便秘和下痢交替发生。触诊瘤胃柔软，无坚硬感。

病牛体温、呼吸、脉搏一般均在正常范围内，仅有少数病牛由于并发或继发慢性瘤胃臌气、肠炎和感冒等原因才引起体温升高，呼吸和脉搏增数。

前胃弛缓时，瘤胃内环境变化剧烈，瘤胃液pH偏低，发酵强度下降，纤毛虫数减少。

病牛鼻镜干燥

拉　稀

眼结膜苍白

拉稀，粪便中可见黏液

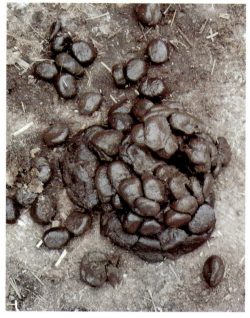

便秘，粪便干硬

【诊断】

根据发病原因和临床症状，结合瘤胃听诊和触诊情况，再配合检测瘤胃液pH和纤毛虫数量与活力，便可作出诊断。而继发性前胃弛缓，则应对其原发病作出诊断。

【防治】

加强饲养管理，合理配制饲料，提供富含营养且易消化的草料。不喂过细的精料和冰冻或发霉草料。加强运动，保证充足的饮水。排除病因，采取增强瘤胃功能、防腐止酵等综合治疗措施。

处方1　10%氯化钠注射液300毫升、5%氯化钙注射液100毫升、10%安钠咖注射液30毫升、10%葡萄糖注射液1 000毫升，一次静脉注射。

处方2　0.1%新斯的明注射液16毫升，皮下注射，2小时后再注射1次。

处方3　10%葡萄糖注射液300毫升、10%安钠咖注射液10毫升、维生素C注射液5毫升，静脉注射，每天2次，连用3天。鱼石脂25克、75%酒精30毫升、温水500毫升，灌服。

处方4　氯化氨甲酰胆碱，其用量以0.25 ~ 0.6毫克/千克体重计，皮下注射，每天2次，连用3天。心力衰竭或孕牛不用。

处方5　扶脾散加减：炒白术、党参、黄芪各100克，茯苓、泽泻各80克，青皮、木香、厚朴、苍术、槟榔各60克，神曲120克，甘草30克，研末后开水冲服，每天1次，共3剂。

四十二、瘤胃积食

瘤胃积食又称急性瘤胃扩张，是因采食大量难以消化的饲草或容易膨胀的饲料导致瘤胃容积增大、内容物积滞，从而使胃壁受压及神经麻痹，前胃机能出现障碍。中兽医称其为宿草不转。本病以腹围增大、瘤胃内容物充实坚硬、触诊瘤胃按压成坑、叩诊呈浊音为主要临床特征。

本病为牛最易发生的疾病之一，体弱舍饲牛和老龄牛多发。

【病因】

主要是牛贪食过量的粗纤维饲料后又缺乏饮水，以致难以消化；或过食大量精料后又饮水过量，造成饲料膨胀，并导致瘤胃酸中毒。而前胃弛缓、瓣胃阻塞、皱胃阻塞、外感风寒或风热等疾病均能继发本病。

【临床症状】

病初患牛神情不安，结膜潮红或充血，继而精神沉郁。轻者体温、呼吸、脉搏正常；重者体温上升，呼吸、脉搏增数。病牛食欲减退或废绝，反刍、嗳气减少或消失。瘤胃蠕动次数减少，蠕动波持续时间缩短，重症蠕动消失。触诊瘤胃坚硬或呈捏粉状，按压成坑，大多病牛左腹胀满、腹围增大或间有臌气；叩诊瘤胃呈浊音。有时可见病牛便秘或下痢。

重症后期，病牛出现脱水和自体中毒及心力衰竭，后因虚脱而死。

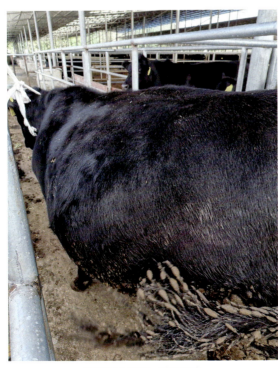

左腹膨大胀满，触诊硬实

拉稀，粪便中可见黏液

【诊断】

根据过食病史，触诊有瘤胃内容物积滞、按压坚实、腹围增大等症状，便可作出诊断。

【防治】

加强饲养管理，防止暴饮过食。同时，应加强运动及避免突然更换饲料。

处方1 病牛禁食，同时按摩瘤胃。5%碳酸氢钠注射液100毫升、5%葡萄糖生理盐水500毫升、25%维生素B_1注射液10毫升、10%安钠咖注射液10毫升，静脉注射，每天1次，连用3天。或液状石蜡300～500毫升，灌服。或0.1%新斯的明注射液2～4毫升，皮下注射。

处方2 10%安钠咖注射液30毫升、10%氯化钠注射液500毫升、5%氯化钙注射液150毫升，静脉注射。或硫酸镁800克，常水适量，灌服。

处方3 大戟散加减（用于胃腑实积型）：大戟、甘遂各60克，滑石、牵牛子、大黄、厚朴、青皮、槟榔各100克，芒硝500克，神曲120克，共研为末，加猪油温水灌服，每天1次，连用2天。

处方4 消积导滞散（用于脾虚食滞型）：神曲、山楂、麦芽各90克，厚朴、槟榔、陈皮各40克，党参、白术、茯苓、甘草各30克，共研为末，加温水灌服，每天1次，连用2天。

处方5 对药物治疗效果不佳病例，应进行瘤胃切开术，取出内容物。

四十三、瘤胃臌气

瘤胃臌气是因牛采食了大量易于发酵的饲料，在瘤胃内微生物的作用下过度发酵，产生大量气体，致左腹胀满。触诊瘤胃弹性增高，叩之呈鼓音，食欲、反刍、嗳气出现严重障碍。中兽医称本病为气胀，呈现食积胃腑、气滞中焦的"里实证"。

臌气按病原的不同，可分为原发性和继发性2种；根据瘤胃内容物的物理特性不同，可分为泡沫性和非泡沫性2类。本病多发生于牧草生长旺盛的季节，牛采食了较多的谷物类饲料，一般多为散发。

【病因】

原发性瘤胃臌气主要是采食大量易发酵的、鲜嫩多汁的豆科牧草或青草（如紫云英、苜蓿草、豌豆藤、萝卜叶、白菜叶等），或过食带露水的青草以及冰冻、霉变饲草而引发本病。长期舍饲的牛一旦放牧而吃了大量青草，或突然由吃枯草转为吃青草，也常致病。

继发性瘤胃臌气主要是由于某些疾病导致胃内气体不能正常排出所致。本类臌气多见于前胃弛缓、食道阻塞、瓣胃阻塞、肠阻塞等疾病，以致经常反复地发生慢性瘤胃臌气。

【临床症状】

急性瘤胃臌气发病迅速，食欲、反刍和嗳气废绝。眼结膜充血，角膜周围血管扩张。呼吸促迫，呼吸、脉搏增数。腹围明显增大，左肷窝升高。瘤胃蠕动音废绝，弹性增高，上部叩诊呈鼓音、下部充满坚实。病牛瘤胃高度臌气时，张口伸舌，呼吸困难，口温升高，口津黏稠，鼻汗时有时无。体温一般正常，有时稍有升高。

泡沫性臌气时，瘤胃内容物呈粥状。由于气体混合在食糜之内，常有泡沫状唾液从口腔中逆出。瘤胃穿刺时，伴同泡沫断断续续地排出少量气体。

慢性瘤胃臌气病牛左肷窝膨胀，但触诊皮肤紧张度较低。臌气呈间歇性，时而消长。慢性瘤胃臌气通常为非泡沫性臌气，穿刺时气体不含泡沫，但排气后又可臌气起来。病牛体温一般正常，只有在臌气严重时，呼吸、脉搏才增数。瘤胃蠕动音时有时无，且蠕动持续时间大为缩短。有的病牛便秘或下痢。病程可持续数天至数月。

左腹膨胀，左肷部突出背脊，触诊呈鼓音

三用套管针，用于急性瘤胃臌气

【诊断】

原发性臌气可根据病史和症状作出诊断。继发性臌气的特征为周期性臌气，故诊断也不困难。

【防治】

加强饲养管理，防止牛过食易发酵牧草和饲料，或采食冰冻、霉变草料及露水牧草。饲料变换要做到逐步有序，并重视原发病的诊断和治疗。

处方1 鱼石脂15克、95%酒精30毫升，瘤胃穿刺放气后注入，用于非泡沫性臌气。

处方2 鱼石脂15克、松节油30毫升、95%酒精40毫升，穿刺放气后注入瘤胃内；或硫酸镁800克，加清水溶解后灌服，用于积食较多的臌气。

处方3 大黄、厚朴、枳实各50克，滑石100克，莱菔子80克，芒硝200克，共研为末，冲水灌服。

处方4 丁香散加减（用于气胀严重者）：丁香、木香、小茴香、吴茱萸各30克，木姜子、槟榔各40克，白术、苍术、大黄各50克，枳壳、神曲、芒硝各90克，共研为末，开水冲服，每天1剂，共服3剂。

处方5 大戟散合丁香散加减（用于积食气胀严重者），大戟散处方参考"瘤胃积食"，每天1剂，共服3剂。

四十四、牛瓣胃阻塞

牛瓣胃阻塞，中兽医称其为百叶干，是一种严重的前胃机能障碍性疾病。它波及整个前胃运动机能，特别是瓣胃本身的收缩机能丧失，导致内容物积滞、干涸，以及瓣胃肌麻痹和瓣胃小叶压迫性坏死。

【病因】

原发性瓣胃阻塞，多由于长期饲喂难消化的坚硬且富含粗纤维的饲料，如干草、干玉米、秸秆、干豆荚、干甘薯藤等；或长期饲喂谷糠等粉状饲料，以及混有泥沙的饲料等。此外，饮水不足、使役过重、缺乏运动等均可引起发病。

继发性瓣胃阻塞，往往见于前胃弛缓、瘤胃积食、真胃（毛球、粪石）阻塞、扭转等。这类阻塞呈慢性，临床上很少引人注意。

在正常情况下，由网胃进入瓣胃的食团必须经过瓣胃小叶间的机械消化过程才能送入真胃。瓣胃原有的液态物质进入真胃；而存在于瓣胃中的固形物质在瓣胃收缩与舒张运动作用下，被小叶压挤、磨碎，最后推移到真胃。

当瓣胃运动机能减弱时，每次收缩不能将其中的内容物完全排入真胃，但网胃的内容物还继续进入瓣胃，最后引起瓣胃内停滞多量的内容物，从而导致阻塞。而且，瓣胃内水分一部分流入真胃，另一部分则被瓣胃吸收，导致瓣胃内的阻塞物变得越来越干硬，最后引起小叶坏死或瓣胃麻痹。

【诊断】

本病最易与急性前胃弛缓和严重肠便秘混淆，故确诊困难。

病初呈前胃弛缓症状，食欲、反刍、嗳气减少，鼻镜干燥，瘤胃蠕动音减弱。继而反刍、嗳气停止，鼻镜干裂，瘤胃蠕动音消失，有时继发瘤胃臌胀。病重者鼻镜龟裂，排粪干硬呈算盘珠状，触诊或叩诊瓣胃区敏感（若后期瓣胃麻痹，则不敏感），然后再结合饲养情况，可初步作出诊断。

急性前胃弛缓无亚急性腹痛，严重肠便秘则腹痛明显。而鼻镜干燥、龟裂，更常见于各种发热病。因此，在诊断时，需作全面分析。必要时，应结合瓣胃穿刺试验。穿刺时可感到其内容物硬固，一般也不会由穿刺针孔自行流出胃内液体，由此可作出诊断。

【防治】

减少坚硬粗纤维饲料的饲喂，增加青绿多汁饲料。保证足够饮水，给予适当运动。特别要注意饲料中不能混有大量泥沙，或长期单纯饲喂麸糠、糟粕之类的饲料。

处方1　硫酸镁500克、常水2 000毫升、液体石蜡500毫升，一次瓣胃注射，注射部位为右侧肩关节线第八至第十肋间，以第九肋间最好。

10%氯化钠注射液300毫升、5%氯化钙注射液100毫升、10%安钠咖注射液20毫升、复方氯化钠注射液5 000毫升，前3种先混合后静脉注射，再静脉注射第四种药。

处方2　硫酸镁400克、普鲁卡因2克、呋喃西林3克、甘油200毫升、水3 000毫升，一次瓣胃注射。

处方3　硫酸钠800克毫升、液体石蜡500毫升、常水3 000毫升，一次灌服。

1%新斯的明注射液20毫升，一次肌内注射。说明：此为无腹痛症状时使用。

5%葡萄糖生理盐水5 000毫升、10%安钠咖注射液30毫升，一次静脉注射。

处方4 藜芦润燥汤：藜芦60克、常山60克、当归100克、川芎60克、滑石90克，水煎后加麻油1 000毫升、蜂蜜250克，一次灌服。

以上治疗无效时，可试行瘤胃或真胃切开术，通过网胃／瓣胃口冲洗瓣胃内容物，或通过瓣胃／真胃口冲洗瓣胃内容物。冲洗用水不宜过凉。

四十五、牛瘤胃酸中毒

　　牛瘤胃酸中毒是因牛采食大量豆谷类精料导致瘤胃内产生大量乳酸和挥发性脂肪酸所引起的一种急性、代谢性酸中毒。它是瘤胃积食中的一种特殊类型，故又称过食豆谷综合征或中毒性积食。其主要临床特征是瘤胃运动严重障碍、脱水、酸中毒以及高死亡率。

【病因】

　　牛采食过量的豆谷类精料后，随着瘤胃内乳酸和挥发性脂肪酸的产生，瘤胃微生物区系发生急剧变化。当乳酸等大量生成且超过机体自身代偿限度时，瘤胃运动便受到抑制。而瘤胃渗透压的增高又导致病牛脱水，进而出现神经症状。

【临床症状】

　　过食富含蛋白质的豆类和富含碳水化合物的谷类精料均能引发酸中毒，只是在某些症状上有所不同。过食豆类需经过48～72小时才出现明显症状，尤其是中枢神经兴奋症状；过食谷类的往往在12小时内发病，但神经兴奋程度较轻。

　　病初患牛精神极度沉郁，步态不稳。腹围增大。粪便中可见未消化的豆谷颗粒。呼吸急喘或深长，脉搏增数达100次/分以上，有时心律不齐。瘤胃蠕动音废绝，由于产气和瘤胃液增多，有时瘤胃振水音明显。眼球下陷，血液浓缩，少尿或无尿。过食豆类的病牛有时可见胃肠臌气，而过食谷类者常排稀糊状酸臭粪便。

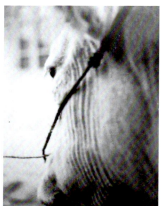

精神沉郁，眼睑水肿　　　　　　　　　　　　　精神沉郁，腹部臌胀

　　随着病程延长，病牛卧多立少。呼吸喘粗，肺泡音粗粝或见湿性啰音。过食豆类的病牛神经兴奋性增高，狂躁不安，视觉障碍，前冲或头抵墙壁。过食谷类者最后卧地不起，眼睑水肿，左右甩头或点头，头颈前伸，呼吸极度困难，眼睑闭合，对外界无反应，呈昏迷状态。严重者角弓反张，或病牛头颈长时间屈向背腹部，最后衰竭死亡。

头颈贴地前伸

眼睑闭合，对外界无反应，呈昏迷状态

头颈长时间屈向背腹部

瘤胃固有膜充血，黏膜下层水肿充血

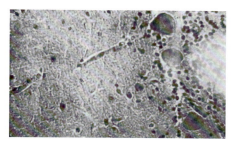
脑膜充血，浦金野细胞变性坏死

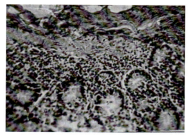
大肠固有膜炎性细胞浸润，黏膜下层水肿，肌层水肿，变性H.E.250

【诊断】

根据病史和过食豆谷类的病因，结合临床症状，可作出诊断。

【防治】

合理配制日粮、补充精料时，要做到适时适量。禁止随意给予精料，并防止牛偷食精料。若需补料，可在混合料内适当加入1%～2%的碳酸氢钠。

处方1 液状石蜡或植物油500毫升、鱼石脂20克、酒精40毫升、碳酸氢钠200克，灌服。

处方2 5%葡萄糖氯化钠注射液1 000毫升、25%维生素C注射液20毫升、10%安钠咖注射液20毫升，静脉注射。另用5%碳酸氢钠注射液100毫升，单独静脉注射。

处方3 5%碳酸氢钠注射液1 500毫升，用胃导管洗胃。或青霉素钠、链霉素各100万国际单位，肌内注射。或甘露醇注射液250毫升，静脉注射。

处方4 牛用液体石蜡或植物油1 500毫升、碳酸氢钠150克，一次灌服。或0.1%新斯的明注射液20毫升，肌内注射，2小时重复1次。

处方5 牛用5%碳酸氢钠注射液750毫升、1%地塞米松注射液3毫升、25%维生素C注射液40毫升、复方氯化钠注射液8 000毫升，一次静脉注射，碳酸氢钠单独注射。

处方6 早期治疗时，也可考虑行瘤胃切开术取出内容物，再用1%碳酸氢钠液冲洗，并配合用抗生素控制继发感染。

四十六、牛创伤性网胃-心包炎

牛创伤性网胃－心包炎是牛在采食过程中，由于金属异物或其他尖锐异物进入网胃，导致网胃壁损伤及炎症的疾病。金属异物造成网胃壁穿孔，开始伴有急性局部性腹膜炎，然后发展为急性弥漫性或慢性局部性腹膜炎。若异物穿透网胃壁和膈肌伤及心包，则可引起创伤性网胃－心包炎。而网胃中存在的金属异物数量虽然很多，但都不具备一定的穿孔条件，常不引起网胃壁的损伤，至多也只能导致前胃弛缓。然而，有时虽只有一两个金属异物进入网胃，但由于具备了穿孔条件，也能发生创伤性网胃－心包炎，有时甚至是致死性的。

本病主要发生于牛。

【病因】

主要是由于误食混入饲料中的铁钉、铁丝等尖锐的金属异物进入网胃后，由于网胃体积小，在强力收缩时容易刺伤、穿透网胃壁，从而引发本病。

【临床症状】

突然发病，病牛呈顽固性前胃弛缓和慢性瘤胃臌气。有网胃和心区疼痛症状，背腹部紧缩，背腰强拘。站立时肘头外展，肘肌震颤，站多卧少。病牛卧下起立动作缓慢，呻吟，上坡运步灵活、下坡拘谨，畏惧跨沟或急转弯。触诊网胃区，病牛表现疼痛不安、躲闪。

在网胃壁上取出的铁丝

病初体温升高，脉搏增数，严重时可达100次/分以上。后期病牛颈静脉怒张，颈下、胸前肉垂出现水肿。创伤性心包炎的初期，因心包膜变粗糙，出现心包摩擦音。心包腔内大量液体渗出后，继而摩擦音消失而出现拍水音，听诊心音微弱、心动过速。当有腹膜炎症状时体温升高，呼吸呈喘息状。腹痛，常回头顾腹，四肢常收于腹下，谨慎而缓慢地卧下。叩诊腹下呈水平浊音，触诊可闻拍水音。

下颌水肿

后期颈静脉怒张

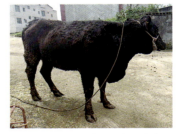

后期颈下、胸前肉垂出现水肿

金属异物通常沉积在网胃底部。当网胃收缩时，由于前后壁加压式地紧密接触，从而导致胃壁穿孔。依异物的尖锐程度、存在部位及与胃壁之间呈现的角度不同，可分为穿孔型、壁间型和叶间型。

在异物对向胃壁之间越接近于90°就越容易导致胃壁穿孔，越接近于0°或180°穿刺胃壁的机会就越少。穿孔型必然伴有腹膜炎。若穿刺到脾、肝、肺等器官，也可引起这些器官的炎症或脓肿，但最常继发的则是创伤性心包炎。壁间型引起前胃弛缓或损伤网胃前壁的迷走神经，导致迷走神经性消化不良或壁间脓肿。叶间型由于损害轻微，临床上症状不明显。

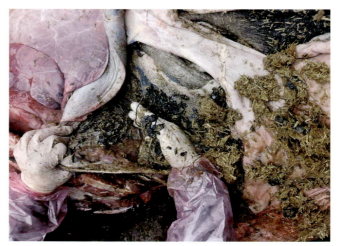

网胃内铁丝穿破网胃壁

心肌坏死

心包膜严重出血

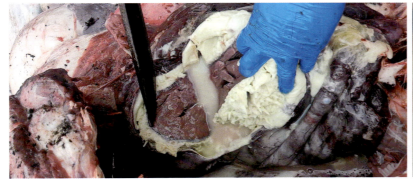

心包腔弥漫性化脓

腹膜炎，腹膜与脏器粘连
（夏成）

【诊断】

应结合临床症状，使用各种诊断方法来进行全面综合分析。胸骨剑状软骨区的疼痛是不可避免的，因此可用网胃叩诊法（用拳头或150～280克重的叩诊锤叩诊网胃）或用一根木棍通过剑状软骨区的腹部给予猛力抬举，给网胃施加强大压力进行检查。这些方法可以作为参考，急性病例可能反应明显，但有时也可能出现假阳性反应。对网胃和心包囊的金属异物，利用金属探测器检查，一般均可获得阳性反应。但非金属异物的诊断则无法判断。理想的诊断方法是X线透视摄片。而利用血液学上的特殊变化进行诊断也有参考意义。

【防治】

可用电磁装置清除饲草中的金属异物。必要时，可应用取铁器定时投放或磁铁吸除。

处方1 注射用青霉素钠400万国际单位、注射用阿米卡星100万国际单位、注射用水20毫升，一次肌内注射，每天2次，连用5天。

处方2 液体石蜡500毫升、鱼石脂15克、95%酒精40毫升，待鱼石脂在酒精中溶解后，混于液体石蜡中一次灌服。

可投服磁铁吸除金属异物，无效者在早期可行瘤胃或网胃切开术取出异物。

四十七、骨软病

骨软病主要是磷缺乏引起的成年牛疾病。由于缺磷导致的钙磷代谢紊乱，造成骨组织进行性脱钙而被未钙化骨样组织所代替，从而引起骨质软化和疏松。临床上以消化紊乱、异嗜癖、跛行及骨骼系统严重变化为特征。这些特征大体上与佝偻病相似。

【病因】

本病主要是因饲料、饮水中磷含量不足以及钙磷比例不平衡所引起。一般认为，缺磷（骨软病）或缺钙（纤维性骨营养不良）时，由于改变了正常所需的钙磷比例关系，就可发生骨软病。长期饲喂单一饲料会造成家畜钙磷比例失调，过多的钙、磷均易形成不溶性磷酸钙随粪便排出。粗饲料（如干草、秸秆）中含钙较多，而精料（如麦麸、豆皮、高粱、稻谷及稻草中）含磷较多。干旱和丘陵地区生长的植物一般含磷低；相反，多雨和平原地区生长的植物含磷量较高但含钙少。磷缺乏可引起骨组织的反应，特别是怀孕期和泌乳期的母牛对这种反应最敏感。同时，长期饲喂低钙高磷的饲料，如麦麸、米糠、豆皮等，也能导致钙磷比例失调。

【临床症状】

高产奶牛因骨组织脱钙使倒数第一、第二尾椎逐渐变软而小，直至骨质变形。

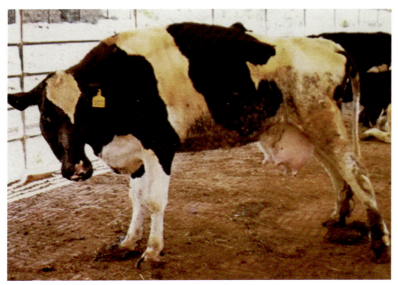

弓背站立，卧多站少
（夏成）

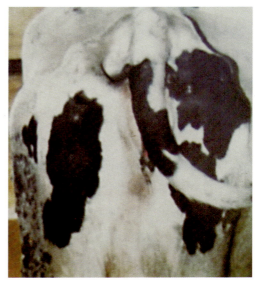

尾椎骨肿胀变形、移位变软

【诊断】

根据日粮成分的分析和饲料的产地、来源，结合病牛的年龄、妊娠和泌乳情况、临床症状等，可作出诊断。

【防治】

加强饲养管理。根据不同的生理阶段提供适合生长的全价日粮，并增加舍外运动和增加光照。

处方1 20%磷酸二氢钠注射液400毫升，静脉注射200毫升、皮下注射200毫升；或维丁胶性钙注射液，其用量以1毫升/20千克体重计，每天1次，连用3～5天。

处方2 20%磷酸二氢钠注射液400毫升、5%葡萄糖氯化钠注射液500毫升，静脉注射，每天1次，连用5天。

处方3 骨粉300克，拌饲料饲喂，7天为1个疗程。

处方4 3%磷酸钙注射液400毫升，静脉注射，每天1次，连用3～5天。

处方5 当纤维性骨营养不良时，治疗用蛋壳粉1 200克，焦山楂、神曲、麦芽各600克，混匀后拌料喂一段时间。

四十八、佝偻病

佝偻病是幼龄牛钙、磷代谢障碍及维生素D缺乏所致的骨营养不良性疾病。病理特征是成骨细胞钙化作用不足、持久性软骨肥大及骨骺增大的暂时钙化作用不全。临床上以消化紊乱、异嗜癖、跛行和骨骼变形为特征。这些特征大体上与骨软病相似。

【病因】

佝偻病是母乳中或在断乳之后的饲料中缺乏维生素D，以及舍饲犊牛缺乏日光照射所致。由于犊牛生长速度快，对钙和磷的需求量大，但因母牛长期饲喂未经日光照射过的干草或秸秆，致使干草、秸秆中的植物固醇不能转变成维生素D。特别是长期舍饲缺乏光照的母牛，皮肤中的7-脱氧胆固醇不能转变为维生素D_3，因此导致乳汁中的维生素D_3含量严重不足。这是哺乳期犊牛或幼龄牛常发佝偻病的一个主要原因。另外，消化功能紊乱也会影响机体对维生素的吸收，从而影响骨骼正常的钙、磷沉积。

【临床症状】

病牛表现为食欲减退，消化紊乱，有异嗜癖，呆立或喜卧于地面上，发育迟缓，消瘦、贫血。病程稍长者，面骨、躯干和四肢骨骼变形，表现为脊柱变形、拱背、胸廓扁平，肋骨与软骨结合部触摸有串珠状突起，四肢关节肿大，腕关节和跗关节尤为明显。站立时，两前肢呈内弧形弯曲，两后肢呈X形叉开。

喜卧于地，发育迟缓，消瘦、拱背，胸廓扁平

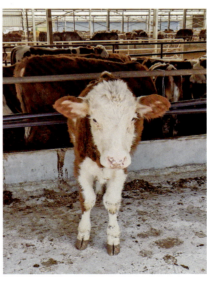

发育迟缓、消瘦，胸廓扁平

胸廓扁平，发育不良

【诊断】

依据病牛年龄，结合饲养管理条件的分析与临床上特有症状的观察，可作出初步诊断。进行血清学

117

检验方可确诊。血清碱性磷酸酶活性升高，血清钙和磷水平因病而异。磷或维生素D缺乏时，血清磷含量小于30毫克/升，血钙则在疾病后期下降，血清中钙磷比例小于30∶1。

【防治】

加强怀孕与泌乳母牛的饲养管理，供给充足的青绿饲料、青干草，增加鱼粉和骨粉等矿物质饲料，增加舍外运动和日照时间。犊牛应补充饲喂干苜蓿和胡萝卜等青料，并按需要添加食盐、骨粉以及各种微量元素等。

处方1　10%葡萄糖酸钙注射液200毫升，犊牛一次静脉注射，连用数天。或维丁胶性钙注射液，其用量以1毫升/20千克体重计，犊牛一次肌内注射，每天1次，连用5～7天。

处方2　鱼粉100克，犊牛每天拌饲料喂。或鱼肝油，犊牛8～15毫升，分2～3点肌内注射。

处方3　骨粉，犊牛每天100克拌饲料喂，7天为1个疗程。20%磷酸二氢钠20～50毫升，静脉注射，每天1次，连用5天。维生素D注射液，犊牛肌内注射15毫升，每天1次，连用5天。

处方4　苍术末，犊牛30～40克，一次口服，每天2次，连用10～15天。

四十九、食毛症

食毛症是牛等家畜，特别是在舍饲条件下容易发生的一种营养缺乏和代谢机能紊乱的综合征。临床特征是舔食、啃咬被毛。本病在秋末、春初时散发或在某一地区发生。

【病因】

成年牛，尤其是成年母牛体内缺乏矿物元素硫而无法合成含硫氨基酸是发生本病的主要原因；饲料中含硫氨基酸（胱氨酸、半胱氨酸、蛋氨酸）缺乏，锰、钠、铜、钴缺乏，以及钙磷比例失调所致的佝偻病，都能导致本病的发生。

哺乳犊牛瘤胃发育尚不完善，没有合成氨基酸的功能，若母牛乳中缺乏含硫氨基酸，也会造成犊牛因含硫氨基酸极度缺乏而发生本病。此外，牛舍拥挤、密度太大、互相摩擦啃咬或因疥螨等寄生虫病导致牛脱毛，都会诱发本病。

【临床症状】

病牛经常啃食自身或其他牛的被毛。啃食部位遍及肩部、颈部、腹部、臀部和尾部等。啃食的毛沉积在皱胃和肠道内，有时形成毛团或大小不等的毛球。被啃食的牛被毛粗乱，严重时大片皮肤裸露。病牛精神沉郁，食欲废绝，磨牙流涎，回头顾腹，腹胀、腹痛，便秘或排出少许带黏液稀粪，终因胃肠道梗阻而死亡。

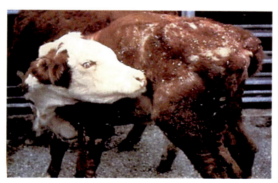
舔食自身被毛

舔食其他牛的被毛

肠道内毛团

胃和十二指肠内的毛球

瘤胃内毛团

安格斯牛瘤胃内的毛球

滞留在瘤胃内的毛球团

【诊断】

本病若能见到食毛症状即可作出诊断，但有时因牛饲养数量多而不易被发现。

【防治】

加强饲养管理，提供配合饲料，供给富含蛋白质、维生素、矿物质及微量元素的饲料，如青绿饲料和麦麸及骨粉、食盐等。对已发病的牛群，应及时隔离分群饲养。保持圈舍和场地清洁卫生，及时清扫牛毛。定期对牛群驱虫，避免牛啃食叮咬处。

处方1 液状石蜡，牛用500毫升（硫酸钠200克或人工盐200克），内服。

处方2 樟脑磺酸钠，牛用10毫升，肌内注射，每天2次。

处方3 含硫化合物（硫酸铝、硫酸钙、硫酸亚铁或硫酸铜等），每天补饲，硫元素含量控制在饲料干物质的0.05%。

处方4 实施皱胃切开术，取出毛球。

治疗时，应采用处方1至处方3的综合措施，并补充含硫化合物。

五十、异嗜癖

异嗜癖是由于代谢机能紊乱引起牛的行为和味觉出现异常的一种综合征。其临床特征是病牛到处啃咬、舔食异物。这不只是一种疾病，而是多种疾病（慢性消化不良、骨软症等）综合作用的结果。在营养不良或营养不全面的牛群中易发，尤其在冬季和早春舍饲的牛中多发。

【病因】

本病的病因很多，但一般认为有如下因素：一是钙、铁、铜、锌、钴、锰、钠、硫等元素缺乏。特别是钠盐的不足，也可因饲料里钾盐过多，机体为排除过多的钾则必须同时增加钠的排出，导致钠的损失增多而得不到及时补充。二是土壤中含钴量低于2.5毫克/千克或干草中的含铜量低于5毫克/千克，也会诱发异嗜癖。三是钙磷比例失调、长期饲喂过酸的饲料等可使体内碱的消耗过多，均可导致异嗜癖的发生。四是饲料中某些维生素缺乏，特别是B族维生素的缺乏，或某些蛋白质和氨基酸的缺乏。另外，某些疾病（如佝偻病、骨软症等）或饲养环境不良（氨气浓度高、饲养密度大、卫生条件差、光照强）也使异嗜癖的发生成为可能。

【临床症状】

异嗜癖多以消化不良开始，继而出现味觉异常和异嗜症状。病牛舔食墙壁、食槽、木板、被毛、铁管，啃吃泥土、破布、塑料袋，吞咽被粪尿污染的垫草或饲草等。病牛易惊恐，对外界刺激的敏感性增高，以后则反应迟钝。皮肤干燥、弹力降低，被毛松乱、无光泽。竖耳、拱腰、虚口磨牙、玩舌。此外，病牛尚可见消化机能紊乱，食欲下降，生长迟缓，便秘或下痢交替发生，贫血，渐进性消瘦。

舔食塑料管

啃咬硬质橡胶栏杆

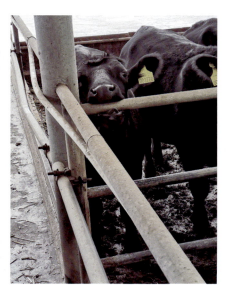
舔食铁管

| 舔食木板 | 舔食绳索 | 患牛"玩舌" |

【诊断】

根据临床症状可作出初步诊断。

【防治】

在病因分析的基础上，有的放矢地改善饲养管理。因异嗜癖多呈慢性经过，对早期和轻型的病牛，如能及时改善饲养管理，采取适当的治疗措施很快就会好转；否则，病程会拖得很长，乃至常呈周期性的好转与发病的交替变化，最后衰竭而死亡。也有以破布、塑料袋、牛毛等异物堵塞消化道而引起死亡的病例。

平时给予配合日粮，根据饲料和土壤情况，缺什么补什么，有条件放牧的则可放牧。有青绿饲料则可多喂青绿饲料或优质青干草、青贮料，补饲富含维生素的饲料。硫酸铜配合氯化钴对异嗜癖有良好的作用，硫酸铜用量为300毫克、氯化钴用量为30～40毫克。此外，含铁、铜、钴、锰等多种微量元素的兽用生长素，也可作为饲料添加剂，按说明书使用。而适量补饲一些石膏（硫酸铜钙）或鱼粉、骨粉等矿物质、蛋白质饲料也有益于改善异嗜癖。长期舔食含多种微量元素的舔砖也能改善异嗜癖症状。

五十一、黄（癀）

据《元亨疗马集》记载，黄有36种（恶黄12种，普通黄24种），范围很广。它包括外科癀、内科癀和某些传染病，如牛恶性水肿。这里仅指普通黄中的外科黄肿。

【病因】

《元亨疗马集·疮黄疗毒论》说："黄者，气之壮也。气壮使血离经络，血离经络溢于肤腠，肤腠郁结而血瘀。血瘀者而化为黄水，故曰黄也。"究其病因，多因饲养失调，劳役过度，外感病邪，相搏肌肤，经络郁塞，气血相凝，遂成本病。

【临床症状】

初起患部肿硬，间有疼痛或局部发热；继则扩大而软，出现波动，刺之流出黄水。常见的有胸黄、肚底黄、肘黄、腕黄等。重症可见食欲减退或废绝、壮热口渴、气息粗促、便干尿赤等症状。

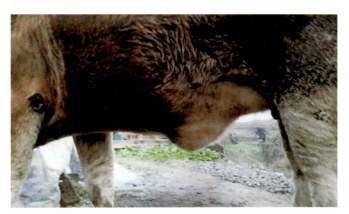
腹底炎性肿胀（癀）

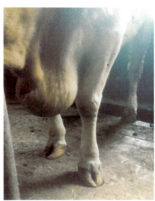
胸前黄肿

下颌黄肿

处方1 消黄散：黄药子、白药子、知母、连翘各25克，栀子、黄芩、浙贝母、郁金、防风、黄芪各20克，大黄30克，芒硝90克，蝉蜕15克，开水冲，候温加蜂蜜120克、鸡蛋清4个，同调灌服。

处方2 局部消毒，在黄肿底部用大宽针乱刺。排出黄水，继而在黄四周用普鲁卡因青霉素做皮下环状封闭。置碘酒200克于土碗（钵）内，在碘酒中研磨中药藤黄，使藤黄充分溶解于碘酒中，然后用棉棒蘸此溶液在黄上反复涂擦，每天1次，共3次。

五十二、乳 房 炎

乳房炎又称乳腺炎，是乳腺叶间结缔组织或乳腺体发炎，或两者同时发炎，是泌乳牛特别是高产奶牛的常见病之一，发病率为20%～60%。乳腺组织发生各种类型炎症反应和乳汁的理化性质发生改变是其特征。

【病因】

乳腺发炎的主要原因是病原微生物感染。多种病原微生物均可导致乳房炎的发生，常见的有金黄色葡萄球菌、化脓链球菌、大肠杆菌等；其次是化脓杆菌和绿脓杆菌等。若挤奶技术不规范、外伤、圈舍卫生不良，病原微生物则由乳头管口侵入。在多数情况下，乳房炎是多种病原混合感染造成的。

另外，乳头括约肌弛缓、乳头端缺陷（如内翻型、口袋型及漏斗型）、乳房过大、下垂过长、乳区发育不匀称等均可诱发本病。

除上述因素以外，理化因素、中毒和乳汁积滞也是引起本病的常见原因。

本病一年四季均可发生，但泌乳期多发，特别是泌乳早期。但非泌乳乳腺也可发生，夏季乳房炎是非泌乳乳腺的一种急性疾病。除了结核分枝杆菌和布鲁氏菌性乳房炎为血源性感染外，其他细菌主要经过乳头管孔感染，也可经消化道、生殖道或乳房外伤处感染。

【临床症状】

乳房炎的症状因类型不同而异，共有症状是患部红、肿、热、痛，乳汁数量减少，乳汁性状发生变化。

临床型乳房炎 乳房间质、实质组织的炎症。病牛乳房不同程度地呈现肿胀、温热和疼痛，乳汁呈块状、絮状或变色。有的病牛出现发热、厌食甚至卧地等临床症状。根据病程长短和病情严重程度不同，可分为最急性乳房炎、急性乳房炎、亚急性乳房炎和慢性乳房炎4种。

最急性乳房炎：发病突然、迅速。乳房高度肿胀、温热和疼痛。奶汁难以挤出。食欲废绝，体温升高，心跳、呼吸增加。如不及时治疗，则预后不良。

急性乳房炎：乳房肿大，有热、痛感，皮肤呈红色。乳房内可摸到硬块，乳汁呈灰白色、内有块状物。

亚急性乳房炎：无全身临床症状，触诊乳房无红、肿、热、痛，但乳汁中有凝块或絮状物。

慢性乳房炎：病程长而反复。由于乳腺组织呈渐进性炎症过程，泌乳腺泡较大范围遭受破坏，乳腺组织发生纤维化，乳汁内有块状物，触诊乳房有硬性肿块，重症者乳汁中有脓汁。有的乳房萎缩，或呈坏疽性乳房炎。

乳房肿大，有热、痛感，乳房内可摸到硬块

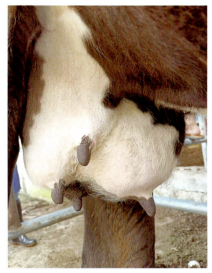
乳房肿胀，乳汁内有硬块状物

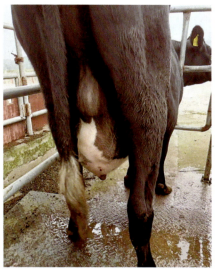
乳房肿胀，内有硬结

乳房内挤出带有脓汁的乳汁

亚临床型乳房炎 又称隐性乳房炎，此型乳房炎无全身症状，乳房和乳汁无肉眼可见异常，但乳汁在理化性质、体细胞上已发生变化。乳汁pH高于正常值，体细胞数升高，乳汁内有乳块、絮状物和纤维，乳汁用乳腺炎检测试剂检测为阳性。

【诊断】

临床型乳房炎可根据乳房的病变情况、产乳量和乳汁性质，结合微生物学检查作出诊断。必要时，结合实验室诊断，可对不显示临床症状的隐性乳房炎进行诊断。

体细胞计数法 根据国际奶牛联合会制定的标准，对乳汁中体细胞进行计数。如每毫升低于50万个时，判为阴性；超过50万个时，判为阳性。

LMT乳房炎诊断液 在每一检验盘中加入乳样2毫升，然后加等量诊断液。将检验盘平置摇动，使乳汁和诊断液充分混合，经10秒钟后观察。出现凝乳现象为阳性，反之为阴性。

【防治】

平时应加强饲养管理，保证牛舍、牛体的卫生，保证挤奶卫生。坚持乳头药浴，一般常用的乳头药浴液有0.2%过氧乙酸、0.5%碘溶液、0.1%新洁尔灭等。加强干奶期隐性乳房炎的防治。在干奶前最后一次挤乳后，向每一个乳区内注入适量的抗菌药物，如青霉素、链霉素和土霉素等，可预防干奶期隐性乳房炎的发生。

处方1 青霉素、链霉素各100万国际单位，0.25%盐酸普鲁卡因注射液20毫升，先挤尽乳汁，再用消毒过的乳导管插入乳头管内注入药物，连用3天。

乳导管

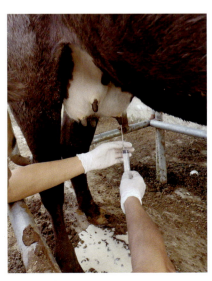
把经过消毒的乳导管插入乳头管内注入药物

处方2 青霉素、链霉素各100万国际单位，10%葡萄糖酸钙注射液300毫升，一次静脉注射，连用3天。

处方3 前乳区发炎时，在前乳区的基部与腹壁之间紧贴腹壁向对侧膝关节方向刺入8～10厘米，注入0.25%盐酸普鲁卡因注射液100～200毫升，并用乳导管在乳头管内注入青霉素、链霉素各100万国际单位。后乳区发炎时，在左右乳房中线离乳房基部2厘米处后缘，针头向同侧腕关节方向刺入，注入盐酸普鲁卡因注射液100～200毫升，并同时向乳头管内注入青霉素、链霉素各100万国际单位，连用5天。

处方4 10%呋喃西林注射液50毫升、环丙沙星或恩诺沙星1克，经乳头管注入，每天2次，连用3天。

处方5 蒲公英60克，金银花50克，连翘、青皮、白芷、川芎、漏芦、紫花地丁、柴胡、甘草各20克，2剂，每天1剂，水煎灌服。灌服前，先把乳汁挤尽。

五十三、子宫内膜炎

子宫内膜炎是子宫内膜的疾病，系分娩时或产后子宫感染，在一定的条件下发展为炎症，为产后最常见的疾病之一。子宫发炎从内膜开始，之后涉及子宫全层，因此又将子宫炎分为子宫内膜炎和真子宫炎两种类型。

【病因】

难产时，由于手术助产、子宫脱出、胎衣滞留等造成子宫损伤和感染；阴道外翻和脱出也可引发子宫内膜炎；妊娠母牛也可发生本病，这主要是由布鲁氏菌等侵入子宫，导致胎盘发炎。而胎膜滞留是产后子宫内膜炎发生的主要因素之一。而产后第一天产道和子宫感染，损伤的黏膜和宫阜则是病原体生长致病的良好条件。

【临床症状】

子宫内膜炎有急性和慢性之分。

急性子宫内膜炎　包括急性卡他性子宫内膜炎和急性纤维蛋白性子宫内膜炎。

急性卡他性子宫内膜炎：通常于产后3～5天发生，未及时治疗则迅速转为急性脓性卡他性子宫内膜炎。急性脓性卡他性子宫内膜炎牛较多见，在产后5～6天有乳白色、灰白色的黏液性或黏液脓性分泌物排出。有时分泌物中有絮状物、宫阜分解产物和残留胎膜。阴道和子宫颈黏膜充血、水肿，有时出血。

急性纤维蛋白性子宫内膜炎：其特征是子宫黏膜表面和子宫腔内有纤维蛋白渗出。体温升高，脉搏加快，食欲、反刍减退或停止。病牛常努责，阴门中流出污红黄色分泌物。重症者可发展到败血症——坏死性、坏疽性子宫炎。

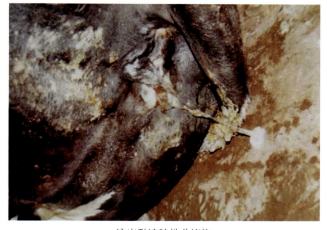

流出黏液脓性分泌物
（夏成）

慢性子宫内膜炎　病程长，也可由急性转化而来。

慢性卡他性子宫内膜炎：外表无明显症状，不定期地排出混浊的黏性分泌物。性周期不规则，虽然发情但不孕。

慢性脓性卡他性子宫内膜炎：长时间地排出黏液脓性渗出物，阴道和子宫颈黏膜充血，有时出血。子宫有时很大，垂入腹腔。性周期紊乱，不孕。少数病例出现子宫积脓症状。

【诊断】

急性子宫内膜炎　根据排出物和直肠检查以及特征性的临床症状，可作出诊断。
慢性子宫内膜炎　除临床症状外，还需考虑性周期不正常、多次授精而不孕。

【防治】

子宫内膜炎的预后取决于疾病类型、性质和经过。急性脓性卡他性子宫内膜炎，经2～3周及时治疗可痊愈，一般预后良好。但坏死、坏疽性子宫炎的重症病例往往预后不佳。患慢性子宫内膜炎的母牛，可暂时或长期不孕。

治疗原则是提高机体免疫力、子宫紧张度和收缩力，促使子宫内渗出物排出，活化子宫内膜再生过程，提高子宫对进入子宫内病原体活动的抑制能力。

处方1 子宫洗涤。临床实践表明，用大量消毒溶液冲洗子宫，不仅起不到治疗作用，而且还降低了子宫上皮的抵抗力和防御机能，子宫严重弛缓，治疗结果往往由急性转变为慢性，发生所谓的治疗性不孕。因此，必须在排除弛缓子宫内的渗出物后才采用子宫洗涤。坏死、坏疽性子宫炎严禁冲洗。

0.1%高锰酸钾液1 000～2 000毫升或0.2%雷佛奴尔1 000～2 000毫升，子宫冲洗。然后，将青霉素、链霉素各200万国际单位溶于30毫升生理盐水，注入子宫。

处方2 氨苄西林粉5～10克、洗必泰粉1～2克、3%～5%氯化钠溶液200～500毫升，一次子宫灌注，每2～3天1次，连用数次。

处方3 注射用头孢噻呋钠3克、1%地塞米松注射液3毫升、5%氯化钙注射液120毫升、5%葡萄糖生理盐水2 000毫升，头孢噻呋钠、地塞米松、氯化钙分别配葡萄糖生理盐水静注。磺胺间甲氧嘧啶钠注射液20～30毫升，肌内注射。

处方4 催产素或垂体后叶激素，以6单位/千克体重计，皮下或肌内注射，能提高子宫收缩力，促进排出病理性分泌物。8～12小时可重复注射1次，持续3～5天。

处方5 氯化氨甲酰胆碱注射液，以0.25～0.6毫克／千克体重计，皮下注射。

处方6 净宫液：当归10克、川芎10克、黄芩10克、赤芍5克、白术5克、白芍5克。用水煎成100～150毫升，4层纱布过滤，再用滤纸过滤煮沸备用。先用40℃3%硼砂溶液500～1 000毫升冲洗阴道和子宫，再注入净宫液1剂，每天1剂。

处方7 酒当归30克、川芎15克、酒白芍20克、丹皮20克、熟地30克、吴茱萸20克、茯苓30克、元胡15克、陈皮25克、制香附30克、白术30克、砂仁15克，共为末，开水冲，一次灌服，每天1剂，共3剂。血虚有热加炙黄芩30克、白薇25克，血虚有寒加肉桂15克、炮姜15克。

五十四、子宫内翻及脱出

子宫角的一部分翻转突入阴道内，称为不完全的子宫内翻；全部子宫角翻转突入阴道内，称为完全的子宫内翻。子宫角、子宫体、子宫颈及阴道等翻转突出垂于阴门外，则称为子宫脱出。

本病往往由分娩而继发，牛、猪多发，其他家畜少见，并多发生于产后数小时或在分娩后3日内发生。本病仅发生于子宫角妊娠，未出现子宫角妊娠同时翻转脱出者较少。如不及时治疗会导致繁殖障碍，以至于不孕，从而给养牛业带来很大的经济损失。

【病因】

妊娠期间营养不良，体质虚弱，特别是经产老龄母牛阴道和子宫周围过度松弛，加之缺乏运动，子宫和韧带弛缓，可引发本病。

胎儿过大、胎水过多引起子宫弛缓和子宫阔韧带松弛收缩不全，也可导致本病发生。在阵缩间歇期，强制拉出胎儿；或助产时，尤其是子宫弛缓无力时，拉出胎儿过于急速，造成宫腔负压，若同时由于腹压很强、产道干燥、产犊时过度努责，拉出胎儿时促使子宫壁随之内翻或脱出。

有时脐带过短且较坚韧，产出胎儿时将子宫牵引翻转。

而胎衣不下时人工辅助牵引等，也可使子宫被牵引翻脱。

上述多种原因，均可导致本病发生。

【临床症状】

子宫内翻及脱出性质不同，症状也有差异。

子宫内翻　若只是子宫角尖端翻入子宫腔内而发生套叠，则在复原过程中较易恢复原状。但如果子宫角通过子宫颈翻入阴道内，病牛可表现不安、努责、举尾等腹痛症状，食欲和反刍废绝。产道检查，可发现翻入子宫或阴道内的子宫角尖端。

子宫脱出　子宫脱出的临床表现是疼痛、感染和出血。起初可见拱背努责，继而努责停止、体温上升、呼吸和脉搏增数、食欲减退，因膀胱和直肠被牵引而致排尿、排便困难。

子宫脱出　　　　　　　　　　　　　　　　　　　　　阴道和子宫脱出

脱出的子宫呈囊状，悬垂于阴门外。初呈红色，表面的子叶上附着部分或全部的胎膜。如经过时间较长，黏膜表面逐渐干燥，子宫壁瘀血、发硬、出血、坏死、炎症，渗出组织液，逐渐结成污褐色痂皮，黏膜呈暗红或深灰色。病牛脱出的子宫常因粪土污染和摩擦出血而导致发炎、糜烂。

【诊断】

子宫内翻时，可结合产道检查作出诊断。而子宫脱出则根据明显可见的临床症状，可作出诊断。

【防治】

应加强饲养管理，给予营养全面的日粮。妊娠母牛要加强运动，并防止过度劳役和阴道炎的发生。

胎衣滞留不下时，切忌强行拉出。产道干燥时，在助产拉出胎儿之前，可给产道涂灌油类润滑剂，以防子宫脱出。

子宫内翻的整复 病牛呈站立姿势进行保定。术者在手臂消毒后伸入阴道，向前轻推套叠的部分。必要时，可将五指并拢呈椎状，顶入套叠形成的凹陷内，并不停左右摆动向前推进，直到完成复原。整复后，在子宫腔内撒布400万～800万单位青霉素粉或4克呋喃西林粉，然后肌内注射100单位催产素，刺激子宫收缩，避免发生再次脱出。子宫内翻如不继发炎症，翻转可以展平恢复正常；但子宫内翻时间稍久或整复手术后未能回复原位，大部分相接触的浆膜会发生粘连性炎，折叠浆膜所构成的囊内蓄积分泌物，则导致预后不良。

子宫脱出的整复 病牛应站立保定，呈前低后高姿势；不能起立时，也须将后躯用草垫高或将后躯用绳抬起。用2%盐酸普鲁卡因溶液10毫升作荐尾间隙硬膜外腔麻醉，或用0.5%～1%盐酸普鲁卡因溶液30～50毫升作后海穴注射，防止努责。用温的0.1%高锰酸钾液或0.1%新洁尔灭液对脱出子宫表面进行多次充分洗涤，剥离附着的胎膜。注意不要错误地摘除子宫肉阜。脱出时间过久而肿胀硬固不易整复时，可在黏膜表面乱刺、温敷、挤揉，使其软化。黏膜若有损伤部位，应涂敷碘伏；创口大时应施以缝合，并涂敷碘甘油。

助手二人分别立于脱出子宫的两侧，托住子宫，使之与阴门等高。术者立于子宫后方，可用两种方法整复。

第一种是右手握拳，伸入脱出子宫先端的凹陷部，趁母牛不努责时，徐徐反复用力向骨盆内推送。推送时，助手须用手在两侧加以压迫，并将已推入阴门的部分压住，使其不致在拳头抽出时或母牛努责时再次脱出。由此循序而进，将脱出的子宫送入骨盆腔。然后，手伸入子宫角内，矫正子宫角在腹腔内的位置，并展开子宫角的皱襞。最后，手缓慢抽出，子宫内撒布抗菌药物。

第二种是从根部着手，将阴道纳入阴门内，再纳入子宫颈、子宫体、子宫角，脱出部分完全推进骨盆后，再按上法处理。术后为了防止感染，可向子宫内注入抗生素药液或置入抗生素胶囊，并配合注射50单位缩宫素。另外，为了防止子宫在努责时再次脱出，也可用经消毒的粗缝合线对上2/3部分的阴门采取内翻缝合进行固定。为了促使子宫尽快康复，可给病牛灌服中药补中益气汤加减（炙黄芪90克、党参60克、白术60克、当归60克、陈皮60克、炙甘草45克、升麻30克、柴胡30克、益母草60克），效果良好。

五十五、胎衣不下

胎衣不下又称胎衣滞留。牛分娩后，一般经3～8小时可自行排出胎衣。若经12小时以上胎衣还未能全部排出，则称为胎衣不下。各种家畜均可发生胎衣不下，但牛的胎衣不下最为多见。

【病因】

产后子宫收缩无力　在正常情况下，胎衣脱离子宫而排出。若产后子宫阵缩力不足或子宫弛缓，就会形成胎衣不下。因收缩力不足，则通向胎盘的血管得不到应有的压缩，血液供应相对较多，绒毛膜绒毛在腺窝内臌胀，造成分离困难。而妊娠期间饲养单一，缺乏矿物质、微量元素和维生素，或产双胎、胎儿过大及胎儿过多，使子宫过度扩张而导致弛缓。另外，妊娠期缺乏运动也可引起产后阵缩无力。

胎盘炎症　由于生殖道感染，其中最常遇到的是布鲁氏菌病等传染病，使绒毛膜和子宫内膜受感染后发生胎膜炎和子宫内膜炎，造成胎儿胎盘和母体胎盘炎性粘连愈合而发生胎衣不下。

由于胎儿胎盘和母体胎盘联系较紧密，绒毛叶包裹着子宫阜（子包母），产后胎衣也较难脱落，这是胎衣不下多见于牛的主要原因之一。其次，当发生子宫扭转或施行剖宫产时，胎儿子叶绒毛水肿或孕牛分娩前后激素分泌失调，都会促使生产后胎衣不下。

【临床症状】

全部胎衣不下　仅少量胎衣垂挂于阴门处，呈红色或灰赤色的绳索状。当牛出现高度子宫弛缓时，胎衣可能不露出阴门而全部停留在子宫内或部分存在于阴道内，其诊断须依靠阴道检查。若见少量胎衣垂挂于阴门处，则可见其表面有大小不同的暗赤色胎儿胎盘。

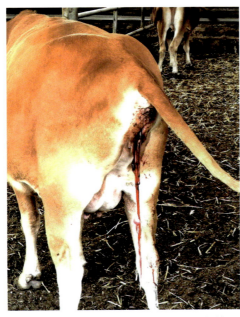

胎衣滞留，完全不下，部分胎衣悬垂于阴门外面　　　　　　　胎衣滞留，完全不下

垂挂于阴门外的胎膜若被污染，此时阴门可流出含血的类黏液恶臭分泌物。有的可见体温升高，食欲、反刍减少或停止，最终导致子宫内膜炎和毒血症。

部分胎衣不下　大部分胎衣悬垂于阴门外，有小部分滞留于子宫内。有的呈弓背、举尾和努责现象。少数胎衣分解较晚（4～5天）者，胎衣分解后会出现脓性卡他性子宫内膜炎。

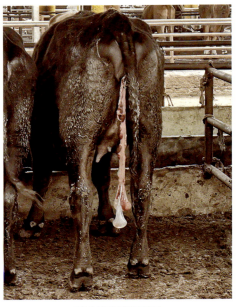

部分胎衣滞留不下

【诊断】

产后12小时无胎衣排出或仅排出部分胎衣，即可作出诊断。

【防治】

处方1　催产素80单位，一次肌内注射，2小时后可重复1次。

处方2　垂体后叶激素50～100单位，皮下或肌内注射，最好于产后8～12小时注射。

处方3　当分娩破水时，接取羊水300～500毫升，于分娩后立即灌服。

处方4　加味生化汤，即党参60克、黄芪45克、当归90克、川芎25克、桃仁30克、红花25克、炮姜20克、益母草60克、甘草15克，共为细末，开水冲调，黄酒150毫升为引，一次灌服。

处方5　活血祛瘀汤，即当归60克、川芎25克、五灵脂10克、桃仁20克、红花20克、枳壳30克、乳香15克、没药15克，共为细末，开水冲调，黄酒300毫升为引，一次灌服。用于体温升高、努责、疼痛不安者。

手术剥离：术前先用温水灌肠，排出宿便。再用0.1%高锰酸钾液洗净外阴，后用左手握住外露的胎衣，右手顺阴道伸入子宫，寻找子宫叶。先用拇指找出胎儿胎盘的边缘，然后将食指或拇指伸入胎儿胎盘和母体胎盘之间，将其分开。至胎儿胎盘被分离一半时，用拇指、食指和中指握住胎衣，轻轻一拉，严禁硬扯强拉。操作时，须由近及远、循序渐进，越靠近子宫角尖端越不易剥离，尤加细心，力求完整取出胎衣。

胎衣全部剥脱后，子宫内可置入抗生素，不需要再冲洗子宫。必要时，可隔天再置入抗生素，直至分泌物清亮。

五十六、卵巢囊肿

卵巢中的卵泡是指卵子在卵巢发育过程中所形成的泡状结构，在排卵期，卵泡发生破裂卵子经由卵巢排出。黄体为排卵后由卵泡迅速转变成的富有毛细血管并具有内分泌功能的细胞团。因新鲜时显黄色，故称为黄体。卵巢内未破裂的卵泡或黄体，因其本身成分发生变性和萎缩，在卵巢上形成球形肿物即囊肿。前者为卵泡囊肿，后者为黄体囊肿。

黄牛易发本病，特别是乳牛。

【病因】

其病因至今不是十分清楚，通常是内分泌功能失调、促黄体生成素不足、促卵泡生成素过多等引发本病。

而下列因素也是导致本病发生的诱因：舍饲期运动不足，非配合饲料饲养，特别是以精料为主的日粮中缺乏维生素A，或有较多的糟粕、饼渣，因酸度较高，导致本病；注射大量的雌激素引起卵泡滞留，可发生囊肿；卵巢、子宫或其他部分的炎症、变性、胎衣不下及某些激素紊乱，均可引发囊肿；长期发情不配或卵泡发育过程中外界温度突然改变等也能导致卵泡囊肿。

【临床症状】

卵泡囊肿　病牛一般发情不正常，发情周期变短，而发情期延长，长时间地有时是不间断地发生性欲，呈慕雄狂症状。可持续5～6天或更长时间，母牛极度不安，大声哞叫，食欲减退，频繁排粪、排尿，经常追逐或爬跨其他母牛。外阴充血、突出，触诊有面团感。卧下时阴门张开，流出透明或半透明的分泌物，量少，不呈牵缕性。直肠检查时，通常可发现卵巢增大，在卵巢上有1个或数个大囊肿，略带波动。

黄体囊肿　由于黄体中央蓄积液体而发生囊肿，其部分突出于卵巢表面，形式不规则。囊肿呈黄色，囊内含透明的液体。黄体囊肿壁比卵泡囊肿壁坚韧。黄体囊肿时，性周期完全停止，母牛不发情。直肠检查时，卵巢体积增大，可摸到带有波动的囊肿。

卵巢可发现一侧性、双侧性或左右两侧卵巢交替发病，卵巢上有一个或几个大而波动的泡囊，其直径通常为3～5厘米。

【诊断】

根据临床症状即可作出诊断，但由于囊肿一般都是在卵泡发育到不同阶段形成的，所以大小不一致。囊肿大时易诊断，很小时则不易发现。因此，必须每隔2～3天直肠检查1次，需2～3次才可确诊。如黄体囊肿，可间隔一定时间进行复查，如超过一个发情期母牛仍不发情便可以确诊。

必要时，可运用超声扫描术或测定血液黄体酮水平来区分卵泡囊肿和黄体囊肿。

【防治】

本病持续时间很长，治疗不一定能达到预期效果。即使治愈，也往往又重发，故一般预后不良。但如治疗及时，有时也能收到良好的效果。

处方1 促黄体素（LH）100～200国际单位，一次肌内注射。

处方2 促卵泡激素释放素（FRH）1 000微克，一次肌内注射。

处方3 0.5%前列腺素F_{2a}5毫升，一次肌内注射。

处方4 三棱30克、莪术30克、香附30克、藿香30克、青皮25克、陈皮25克、桂枝25克、益智仁25克、肉桂15克、甘草15克，共研为末，开水冲，一次灌服。

注：也可用直肠穿刺或挤破法治疗。

五十七、生产瘫痪

生产瘫痪又称乳热症，中兽医称其为产后风，一般是牛产后72小时以内发生的一种急性低钙血症。临床上，以昏迷伴有喉、舌和四肢的知觉障碍及瘫痪为特征。通常高产母牛多见。

【病因】

目前，对其发病原因和发病机制了解得很不完全。但可认为，急性低钙血症母牛在怀孕期间饲草单一、用低钙和高磷含量日粮饲喂易发本病。因此，饲料中钙含量和维生素D缺失是引发本病的重要原因。此外，母牛干奶期摄入大量高蛋白质饲料或精料也极易发生本病。

母牛分娩后泌乳增多，钙随血流大量进入乳房，特别是初乳排出大量的血钙，致使血钙浓度骤然降低也可引发本病。

在母牛妊娠后期，胎儿生长速度快，母牛骨骼吸收的钙随着胎儿需钙量的增多而减少，从而引发母牛生产瘫痪。

此外，甲状旁腺激素分泌受影响也会产生急性低钙血症。

【临床症状】

本病有重型和轻型两种。

重型 病初母牛不安、乱动、食欲、反刍减少或停止，全身肌肉震颤或四肢及躯干的各列肌群痉挛，但持续时间不长。病牛步调不稳，共济失调，卧地起立困难，最终不能起立。卧地时四肢屈曲，头颈前伸或长时间屈向背腹部。尽管人工可把头颈拉直，但松开后又会很快恢复原状、眼睑闭合、对外界无反应，呈昏迷状态，嗜睡，对痛觉反应越来越低。伸舌或磨牙。由于舌和喉的麻痹，吞咽困难。病的后期体温下降，如不及时治疗，则在几小时内死亡。

轻型 症状不明显，有的体温正常或略下降，食欲和反刍停止或减少。病牛虽能自行起立，但运步缓慢。睡卧时，头颈部呈S状弯曲。

卧地不起，四肢屈曲，头颈前伸

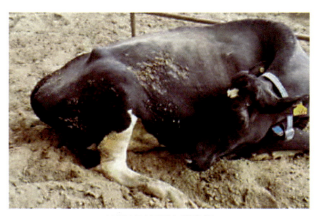

头颈长时间屈向背腹部

【诊断】

从母牛分娩后突然不能站立或站立困难等一些特殊症状，可作出诊断。但应与产后截瘫相区别。

产后截瘫是由于胎儿过大、胎位不正、产道狭窄而引起难产，因助产时强力拉拽胎儿，压迫坐骨神经或闭孔神经发生损伤引起麻痹，或引起骨盆骨折、荐髂关节剧伸、髋关节脱位等而发生后肢瘫痪不能起立的一种疾病。但病牛体温、呼吸、脉搏、食欲、反刍均正常。如果是因为后躯骨盆骨折、脱臼等，按压患部尚有疼痛反应。另外，根据钙疗无效，或治疗的精神状态虽然好转但依然爬不起来，以及缺乏沉郁、昏迷状态、低温和明显的肌肉麻痹症状，可以排除生产瘫痪。

【防治】

处方1 10%葡萄糖酸钙注射液500毫升，静脉注射。2.5%醋酸氢化泼尼松注射液10毫升，一次肌内注射。

处方2 15%含4%硼酸葡萄糖酸钙注射液500毫升，一次缓慢地静脉注射。

处方3 5%氯化钙注射液300毫升、10%氯化钾注射液150毫升、20%磷酸二氢钠注射液200毫升、5%葡萄糖生理盐水1 000毫升、10%安钠咖注射液30毫升、1%地塞米松注射液3毫升，一次缓慢地静脉注射。适用于在缺钙的同时伴有缺钾、缺磷者。疑似缺钙、缺钾者去20%磷酸二氢钠注射液，加用50%葡萄糖注射液200毫升。

处方4 黄芪60克、党参60克、当归45克、川芎30克、桃仁30克、续断30克、桂枝30克、木瓜20克、牛膝30克、秦艽30克、益母草90克、炮姜15克、白术30克、甘草15克，水煎去渣，加入骨粉60克、黄酒200克，调匀一次灌服。

处方5 针灸穴位：山根、风门、抢风、百会、大胯、前三里、尾尖、蹄头。针法：白针、血针或水针。

处方6 乳房送风：病牛侧卧保定，用酒精擦净乳头；然后，用消毒过的乳导管从乳头插入，接上乳房送风器送风。打入乳房中的空气量以能胀平乳房皮肤的皱襞为佳，即以手指弹乳房皮肤发生鼓音时为足量。如打入空气量不足，可能疗效不佳；打入过量，则发生乳房皮下气肿。由于牛4个乳区互不相通，因此送风应逐个进行。打完后，应用手指轻捻乳头尖端部，促使乳头括约肌收缩，以防空气溢出。也可用绷带（切忌用细绳）将乳头轻轻结扎，2小时后取下。一次无效或效果不明显，隔6～8小时可再次送风。

五十八、霉玉米中毒

霉玉米中毒通常是指黄曲霉毒素中毒，是真菌毒素损伤肝脏和胃肠道的一种中毒性疾病。由于黄曲霉毒素可致癌，因此病牛的某些产品能带来食品安全问题，故应特别重视。

【病因】

黄曲霉毒素目前已发现有20种，其中以黄曲霉毒素B_1毒性最强。一般情况下，目前的黄曲霉毒素均指黄曲霉毒素B_1。一些植物种子，如玉米、麦粒、黄豆、棉籽等最易感染黄曲霉菌。黄曲霉菌最适宜的繁殖温度为24～30℃、相对湿度在80%以上，所以霉玉米毒素的产生与玉米储存时的温度、湿度密切相关。从流行病学调查来看，多雨潮湿和闷热的时候本病较多见。对黄曲霉毒素易感性由高到低的顺序依次为犊牛、成年牛。当牛采食了被黄曲霉毒素污染的玉米、黄豆、麦粒、花生、棉籽及其副产品等饲料时，都能引发中毒。这些毒素首先损害消化道，引起消化功能紊乱。毒素被吸收后，随血液循环到达肝脏，损伤肝细胞结构，导致肝细胞功能障碍和癌变，从而出现一系列症状。

【临床症状】

病牛食欲废绝或厌食，反刍停止或减少，瘤胃蠕动减弱或废绝，流涎，虚嚼磨牙，腹痛。由于腹水增多，腹部容积增大，触诊瘤胃有波动感。有时腹泻，粪便中混有血液、黏液，或便秘和腹泻交替发生。有时病牛呈现神经症状，垂头呆立，行走时后躯无力，喜卧，角膜混浊，视力障碍，或表现兴奋不安、盲目行动、抽搐痉挛等。

后期体温下降，呼吸困难，最后衰竭死亡。部分孕牛可发生流产。

剖检最明显的变化是肝脏变硬，苍白色，表面凹凸不平。胆囊肿大，胆汁充盈。瘤胃内容物呈粥状，皱胃水肿有溃疡，十二指肠内充盈大量渗出的血液和脱落的肠黏膜，腹水增多。

【诊断】

根据采食过霉玉米史，临床可见消化机能障碍和神经症状，剖检呈现肝脏肿大、硬化、变性等，可作出初步诊断。必要时，选取发霉玉米放入灭菌试管中，加无菌生理盐水振荡数十次，从试管中取出1～2滴振荡液置于载玻片上，加盖玻片制成压滴片，镜检。如发现黄曲霉孢子和菌丝，即可确诊。若有条件，可在实验室进行黄曲霉毒素的测定。

【防治】

禁止发霉变质玉米做饲料是预防本病的关键。收获的玉米应充分晾晒，储存时可按0.3%的比例加入丙酸钙防止玉米霉变。严重霉变玉米应全部废弃；轻度发霉玉米可经去毒处理后，与其他精料配合使用。轻度发霉玉米去毒方法：先将霉玉米磨碎，按1∶3的比例加入清水浸泡，反复换水浸泡至无色，方可饲用。

处方1　防风30克、甘草60克、绿豆100克，水煎取汁，加入白糖120克，混匀后灌服。

处方2　10%葡萄糖1 000毫升、复方氯化钠1 000毫升、葡醛内酯60克、硫酸庆大霉素200万国际单位、10%安钠咖10毫升，静脉注射，每天1次，连用5天。

处方3 25%葡萄糖液1 000毫升、维生素C注射液10毫升，静脉注射，每天1次，连用5天。或维生素K₃50毫克，肌内注射，每天1次，连用3天。

处方4 人工盐200克，加水一次灌服。50%葡萄糖溶液100毫升、复方氯化钠溶液1 000毫升、维生素C注射液10毫升，静脉注射。有神经症状时，用盐酸氯丙嗪，其用量以2毫克/千克体重计，一次肌内注射。

处方5 10%硫代硫酸钠注射液，其用量以0.2毫升/千克体重计，一次静脉注射，以中和毒素。

五十九、酒糟中毒

酒糟是酿酒工业蒸馏提酒后的残渣，历来作为饲料使用，多用来饲喂猪、牛、羊等。酒糟中毒是牛、羊等家畜长期采食多量新鲜的或已酸败的酒糟，因其中的有毒物质而引起的一种中毒性疾病。临床上，以呈现腹痛、腹泻、流涎等症状为特征。

【病因】

酒糟的成分很复杂，如新鲜酒精中含有乙醇，但由于发酵酸败，则形成多种游离酸（如醋酸、乳酸、酪酸）和各种杂醇油（如正丙醇、异丁醇、异戊醇）等有毒物质，其中醋酸是其常见的有毒成分。酒糟成分还因其原料不同而有所差异。因此，酒糟中毒的因素很复杂，需依具体情况在临床实践中做具体的分析。

一般而言，当牛突然地大量饲喂酒糟，或因对酒糟保管不严而被牛大量偷食；或长期单一地用酒糟饲喂，而缺乏其他饲料的适当搭配；另外，酒糟由于储存保管不当而发霉变质，致使其中含有多种真菌毒素，均能导致酒糟中毒。

【临床症状】

急性中毒　病牛突然发病，体温升高，心跳增速，脉搏细弱。病牛开始兴奋不安，流涎，食欲减退或废绝。腹痛、腹泻或排出恶臭黏性稀便，呼吸促迫。重症者躺卧不起或共济失调，有的全身抽搐或四肢麻痹，口吐白沫，最终由于呼吸中枢麻痹而死亡。

慢性中毒　病牛食欲不振，前胃弛缓，呈现消化不良、腹泻。可视黏膜潮红或黄染。出现皮疹或皮炎，皮肤病变明显，皮肤肿胀并见有潮红，以后形成疱疹。水疱破溃后形成湿性溃疡面，其上覆以痂皮，往往导致化脓性感染。有的病牛牙齿可能松动甚至脱落，而且骨质变脆，易引起骨折。孕牛可能发生流产。

剖检可见胃肠黏膜充血和出血，结肠段可能出现固膜性炎，渗出的纤维蛋白形成一层与深层组织牢固结合的纤维蛋白膜，不易剥离，即纤维素性坏死性炎。当强行剥离后，其下层组织留下溃疡及坏死。直肠黏膜出血和水肿，肠系膜淋巴结充血。肺脏充血和水肿，气管内有混浊分泌物，肺部有细小白色结节，心有出血斑。肝、肾发生肿胀，质脆。

【诊断】

有饲喂酒糟史，有脱水、腹泻、流涎、共济失调等中毒性疾病的一般临床症状。剖检胃肠黏膜充血、出血，胃肠内容物有乙醇味，据此可作出初步诊断。

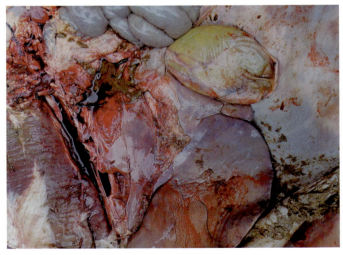

肝黄染，胆囊肿大，充满深绿色胆汁

【防治】

应用新鲜的酒糟饲喂，不能储存过久，以防止发酵和酸败。用不完的酒糟应隔绝空气，并紧压储存。饲喂酒糟时，应由少至多逐渐增加。酒糟用量不宜超过日粮的1/3，且应与优质干草等搭配饲喂。饲喂时，注意添加碳酸氢钠（小苏打），每天每头60～100克。为防止酸性物质对钙吸收的影响，饲料中可适当补充磷酸钙、碳酸氢钠等。

处方1　碳酸氢钠50克，加水适量，一次灌服。恩诺沙星注射液20毫升，肌内注射，每天2次，连用3天。

处方2　5%葡萄糖生理盐水2 000毫升、25%葡萄糖溶液500毫升、5%碳酸氢钠500毫升，一次静脉注射。当病牛脱水好转时，可用10%葡萄糖酸钙注射液500毫升、20%葡萄糖注射液500毫升，一次静脉注射。

处方3　鱼石脂30克、液体石蜡500毫升、小苏打50克、活性炭150克、磺胺脒30克、温水3 000毫升，一次灌服，连用3天。

处方4　0.1%高锰酸钾液洗净皮肤患部后涂以磺胺软膏（用于皮肤皮炎、皮疹）。

六十、尿素中毒

牛的瘤胃微生物具有利用尿素合成蛋白质的能力，因此在生产实践中，特别在农村地区，常将尿素加入日粮中代替蛋白质饲喂反刍动物，以节约蛋白质饲料。但尿素饲喂不当极易发生中毒，这应引起充分重视。

【病因】

尿素可在反刍动物瘤胃中脲酶的作用下被分解。当瘤胃内容物的pH在8左右时，脲酶的作用最为旺盛，可使多量的尿素在短时间内分解，其分解产物也随即被吸收。但当饲喂尿素量过多或方法不当时则产生大量的氨，而瘤胃微生物不能在短时间内利用，以致大量的氨进入血液、肝脏等组织器官，从而导致血氨浓度增高而侵害神经系统，造成中毒。

尿素饲用量应控制在全部饲料总干物质量的1%以下，或精饲料的3%以下。因此，成年牛全天的配合量以200～300克为宜。不过，在开始时必须经过一段增量过程，逐步达到上述用量；否则，母牛也可因初次饲喂量过大而引起中毒。在逐渐增加饲喂量的情况下可产生耐受性，而这种耐受性能很快地消失，在牛停喂尿素3天后又能重新具有易感性。低蛋白日粮和饥饿等因素均可降低这种耐受性。

尿素饲料使用不当，如将尿素溶解成水溶液饲喂，易发生中毒；添加的尿素若未搅拌均匀，也可造成中毒。饲喂尿素时，必须供给充足的碳水化合物。尿素不能与大豆混合饲喂，以防脲酶的分解作用使尿素迅速分解加快；而瘤胃机能尚未健全的犊牛若采食添加尿素的日粮，也易导致中毒。

【临床症状】

牛采食尿素后30～60分钟即可发病。开始时，病牛不安，肌肉震颤和共济失调。继而抽搐，呼吸困难，口、鼻流出泡沫状液体，心跳加快。末期明显出汗，瞳孔散大。死亡通常在中毒后几小时发生。

一般无特征性的病理变化，尸体可见瘤胃、肠呈膨满状态，瘤胃内容物发出强烈的氨臭。

尿素中毒

【诊断】

采食尿素史对诊断本病有重要价值，结合临床症状可作出诊断。

【防治】

处方1　食醋1 000～2 000毫升、糖1 000克、常水1 000毫升，一次灌服。

处方2　10%硫代硫酸钠溶液150毫升、10%葡萄糖酸钙注射液500毫升、10%葡萄糖注射液2 000毫升，一次静脉注射。

处方3　葛根粉250克，水冲服。

处方4　苯巴比妥以10毫克/千克体重计，肌内或皮下注射。瘤胃臌气严重时，可穿刺放气；出现呼吸中枢抑制时，可用安钠咖等中枢兴奋药解救。

六十一、运输应激综合征

应激是机体的一种非特异性全身反应。所谓应激性疾病，就是机体受到各种不良因素（应激原）刺激时，引起包括应激的生理病理演变过程的一种全身性综合征。应激的种类很多，运输应激综合征是最常见和最重要的一种，能引起牛发病死亡。

【病因】

运输是一种重要的应激原。在运输过程中，很多因素（如惊恐、追捕、驱赶、装卸、碰撞、混群、拥挤、打斗、饥饿、过劳、噪声、陌生环境、高温、寒冷、颠簸等）均可引起本病的发生。

由于应激原的作用强度、时间以及牛敏感性存在差异，因此造成的效应往往也不同。长时间的运输应激可降低体液的免疫机能，并造成细胞免疫抑制，改变牛机体的物质和能量代谢，改变神经内分泌机能，降低牛的免疫功能，使组织器官发生病理性损伤。

【临床症状】

有的牛受到强烈刺激后，在无明显的临床症状下猝死。猝死的牛表现为肌肉苍白、柔软、液体渗出。有的表现为大叶性肺炎或胸膜炎症状，病牛全身颤抖，眼结膜潮红，体温升高，呼吸困难，鼻流黏性或脓性鼻液。有的消化机能紊乱，便秘或下痢。严重者胃肠黏膜出现出血性炎症、糜烂或溃疡，心、肝、肾等实质器官出血、变性和坏死。若应激原强度不大，但持续或间断反复产生，形成不良的累积效应，则易造成牛生产性能异常，如泌乳量下降、流产等。而免疫机能降低则可引起继发感染，临诊中常见的有附红细胞体病、巴贝斯焦虫病、巴氏杆菌病、口蹄疫、沙门氏菌病、牛流行热、牛病毒性腹泻、产气荚膜梭菌肠毒血症、结节性皮肤病、支原体肺炎等。

【诊断】

根据运输应激原的性质、强度和病牛的症状及病理变化，一般可作出初步诊断。

【防治】

加强运输管理，改善运输环境，避免过分应激原刺激。运输前，要对牛舍内外和运输工具进行消毒。严格检疫，防止运输途中牛群之间的交叉感染和疫情传播。在合适的装载密度下，使用适当的运输工具保持较低车速，减少启动和刹车频率以减少运输应激。牛运输前和到达目的地后，特别注意要适量饮水，少喂精料，多喂易消化的青绿饲草，并逐步过渡变换为当地草料。外地购进的牛，第一次饮水时要适当控制，并补充人工盐或服健胃药，第一次饮水3～4小时后可自由饮水。当饮水充足后，可少量饲喂优质干草，5～6天后方可让牛自由采食干草。精料从第四天开始饲喂，且逐渐增加。购入的牛必须按品种、年龄、体重大小分群饲养，以防应激。

处方1 5%碳酸氢钠，每头750毫升，静脉注射。盐酸氯丙嗪用量以2毫克/千克体重计，25%维生素C注射液，每头40毫升，分别肌内注射。

处方2 乙酰丙嗪（科特壮）注射液20～40毫升，肌内注射。

处方3 碳酸氢钠粉、维生素C粉、电解多维、阿莫西林粉适量溶于水中，任牛饮用。

处方4　板蓝根粉或黄芪多糖粉、多西环素粉、碳酸氢钠粉、维生素C粉或电解多维粉、人工盐适量溶于水中，任牛饮用。

处方5　参苓白术散：党参、茯苓、白术、炙甘草、山药、桔梗、砂仁、薏苡仁各等份，研末后拌料饲喂。

处方6　盐酸氯丙嗪用量以2毫克/千克体重计，维生素C、维生素E、维生素D每天每头用量分别为200毫克、100毫克、20毫克，加入碳酸氢钠粉适量，用少许配合饲料作填充剂，混于饲料内饲喂，10天为1个疗程。

【预防措施】

启运前　选择牛只时，应有兽医作临床检疫，挑选无病健康的牛。有条件时，在启运地停留2～3天，以作进一步的临床观察。在启运前，用优质青干草和清洁饮水饲喂牛群，此时一般不喂精料。饮水中适当添加碳酸氢钠（小苏打）、维生素C粉或复合维生素粉，也可用电解多维粉、黄芪多糖粉、多西环素粉、板青颗粒或板蓝根粉、双黄连粉，少量人工盐或口服盐。牛群的装车密度不宜过大。启运时，顺带一定数量的启运地优质青干草。

运输中　一般不在三伏天或特别寒冷的天气运输牛群，否则应做好防暑或御寒的相应措施。途中不宜在休息区装卸车，以防应激。途中尽量用水桶给牛群饮少量水，饮水中同样添加碳酸氢钠、维生素C、黄芪多糖、多西环素、板青颗粒等药品。在运输途中，尽可能给牛群饲喂一些随车带的优质青干草。

到达后　第一次饮水时，忌暴饮。饮水应限制，水中同样添加适量的多西环素粉、小苏打、维生素C粉、黄芪多糖粉、板青颗粒和人工盐等。3～4小时后，可让牛只自由饮水，水中掺些麸皮更好。当牛饮水后，即可饲喂随车带来的优质青干草，饲喂量由少到多，第二天起逐步掺些当地的青干草。4～5天后，可全部用当地青干草饲喂。

从第三天起，可逐渐增加青贮料，饲喂时适量添加碳酸氢钠。

从第四天开始供给精料，也是由少到正常量，并逐渐到自由采食。

牛群平稳过渡后可考虑驱虫。驱虫3天后，用中药前胃康大群拌料健胃，连用3～5天。

附　　录

附录1　牛病临床用药基本原则

兽医临床上使用的药物，就其来源可分为天然药物和人工合成药物两类。天然药物包括植物性药物、动物性药物、微生物药物和矿物性药物，如中草药、骨粉、青霉素、益生素、菌苗、疫苗、血清诊断液和微量元素添加剂等。人工合成药物是利用化学方法合成的药物，如维生素、地塞米松、黄体酮、磺胺类药物，以及人工合成、半合成的抗生素等。药物对机体的作用受很多因素的影响，如药物的理化性质、剂量和剂型、给药途径、给药时间和次数、药物的相互作用和配伍禁忌等。药物作用于机体后，既可产生疾病防治效果的作用，也会产生损害机体的作用。前者为治疗作用，后者称为不良反应。

治疗作用一般分为对因治疗和对症治疗两种。所谓对因治疗，就是以预防和消除病因为主，如消毒药用于发生传染病时的消毒，用林可霉素治疗伪结核病、链霉素治疗结核病等；对症治疗则以消除疾病的症状为主，如复方氨基比林为解热镇痛药，用于发热性疾患、关节炎、肌肉痛和风湿等。对因治疗和对症治疗是相辅相成的，在兽医临床应用时，应根据具体情况，急则治其标，缓则治其本，或标本兼治，方能收到良好的治疗效果。

不良反应是指在治疗过程中，药物对机体产生与治疗无关的反应，包括副作用、毒性反应和过敏反应等。

鉴于临床用药种类之多、作用之广，在生产实践中应遵循如下原则：

（1）正确诊断疾病。这是临床用药的先决条件，有的放矢地用药是治疗牛病的关键。

（2）治病必求其本，处理好对因治疗和对症治疗的关系。急则治其标，缓则治其本，或标本兼治。

（3）正确把握药物剂量。药物剂量可影响其作用强度，如小剂量大黄可健胃、中剂量则止泻，而大剂量具有下泻作用。因此，药物的剂量是影响治疗效果的关键因素之一。随意加大或减少剂量，均不能达到治疗疾病的目的。对疾病治疗起到明显效应但又不会引起毒性反应的药物用量，称为剂量或治疗量。治疗量和中毒量十分接近，在临床用药时，必须清楚地认识到这一点，避免造成不可挽回的后果。

（4）临床用药应按规定的用药疗程和剂量用足一个疗程（一般3～5天）。一个疗程后仍不见效果，应立即改换不同化学性质的药物。

（5）切忌在病情稍微好转后便停止用药或用药1～2次未见显著好转时就马上换药。这样会因牛体内维持药效的浓度和时间不足而不能彻底杀灭病原微生物，从而让其在牛体内顽强生长繁殖并逐步产生耐药性，甚至变异，最终导致疾病加重和复发。

（6）不能滥用抗菌药物，尤其是同时使用多种抗菌药物时。

（7）不能长期使用一种或同类药物，要有一定的间隔期。

（8）为确保产品安全，即将出售的活牛和牛产品必须要有足够的停药期。

（9）一般情况下，孕牛应慎用全麻药、泻药和驱虫药，禁用有直接影响或间接影响性机能的药物，如肾上腺皮质激素、雌激素、催产素、卡巴胆碱等药物。尤其应慎用地塞米松，其对孕牛具有很强的催产作用，可导致流产。

（10）发热是机体防御性反应，中等程度的发热可加强新陈代谢，有利于机体消除病原体。同时，热程和热型也是诊断疾病的根据之一，如卡他性肺炎的间歇热、大叶性肺炎的稽留热、焦虫病的间歇热等。所以，不宜过早地使用药物解热，以免误诊。如遇发热过高危及生命或持续高热影响心肺功能时，可使用解热药物，但不可骤退高热。

（11）腹泻主要是由细菌毒素和腐败分解产物引起肠蠕动过速，通过腹泻可迅速将有害物质排出体外，具有保护意义，因而在腹泻初期不宜马上止泻。但持久腹泻可能会引起消化机能障碍，甚至会导致脱水、酸中毒及营养不良。为了消除炎症和恢复消化功能，应选用止泻药。

（12）输液视脱水性质而定，原则上是缺什么补什么。高渗脱水以补水为主，可选用5%葡萄糖溶液或2份5%葡萄糖溶液加1份生理盐水；低渗脱水则应适当增加补盐量，以生理盐水为主或2份生理盐水加1份5%葡萄糖溶液。当发生代谢性酸中毒时，则选用高浓度碳酸氢盐溶液。

附录2　常用药物

一、防腐消毒剂

防腐剂是指能抑制病原微生物生长繁殖的药物。消毒剂在低浓度时仅能抑菌，防腐剂在高浓度时也能杀菌，两者之间并无严各界限，因而把两者总称为防腐消毒剂。防腐消毒剂主要用于杀灭和抑制体表、器械、排泄物和周围环境中的病原微生物。

一般情况下，防腐消毒剂的浓度越高，作用时间越长，效果越好，但对组织的刺激性也越大；反之，则达不到防腐消毒的目的。在一定范围内，温度越高，杀菌力越强。温度每增加10℃，抗菌活性可增加1倍。一般消毒剂需在16℃以上才有明显效果。因有机物能与防腐消毒剂结合使其作用减弱或机械性地保护微生物而阻碍药物的作用，所以，在使用防腐消毒剂前，必须将脓、血、坏死组织和污物清除干净，以取得较好的消毒效果。

另外，为防止产生耐药性，不能长期单一地使用某种防腐消毒剂。一般情况下，养牛场应有3种以上的防腐消毒剂并经常交叉替换使用，方能取得较好的消毒效果。

1.酚类

（1）甲酚（煤酚皂、来苏儿）。杀菌作用强、低毒。1%～2%甲酚溶液用于手及皮肤消毒；5%～10%甲酚溶液用于消毒器械、牛舍、污物及排泄物。

（2）复合酚（菌毒敌、农福）。复合酚为新型广谱高效消毒剂，可杀灭细菌、真菌和病毒及多种寄生虫卵，主要用于牛舍、用具、场地及排泄物的消毒。喷洒消毒浓度为0.35%～1%，稀释用水的温度应不低于8℃。污染严重的，可增加药物浓度和喷洒次数。

2.碱类

（1）氢氧化钠（烧碱）。氢氧化钠对细菌繁殖体、芽孢和病毒均有很强的杀灭作用，对寄生虫卵也有杀灭作用，常用于细菌或病毒性传染病的环境消毒或污染地的消毒。2%氢氧化钠溶液常用于消毒牛舍、饲槽、场地等，芽孢污染均用5%氢氧化钠溶液消毒。消毒时，用热水在非金属桶内稀释后装入非金属喷洒器具内喷洒，隔半天用水冲洗牛舍后方可使用。由于本品在高浓度时有腐蚀性，因而使用时应加强对人和牛群的保护。

（2）生石灰（氧化钙）。本品对大多数细菌的繁殖体有效，但对芽孢和抵抗力较强的细菌（如结核分枝杆菌）无效，适用于地面、粪堆或污水沟等的消毒。氧化钙加水后生成氢氧化钙（熟石灰），10%～20%的石灰乳用于牛舍墙壁、地面（需现配现用）的涂刷消毒。1千克生石灰加350毫升水，配制成混悬液后，用于地面、污水沟等处的消毒。

3.醛类　福尔马林（甲醛水溶液）。

本品对细菌繁殖体、芽孢、病毒、真菌均有效。1%福尔马林可做环境喷雾消毒；2%福尔马林可做器械浸泡消毒。10%～20%福尔马林可用于浸泡蹄部，治疗蹄叉腐烂。若用于熏蒸消毒环境时，则每立方米空间用40%福尔马林20毫升加入20毫升水和10克高锰酸钾，用小火加热蒸发，并密闭门窗10小时，消毒时室温不低于15℃。

4.卤素类

（1）二氯异氰尿酸钠（优氯净）。本品为新型高效消毒剂，对细菌繁殖体、芽孢、病毒、真菌孢子均有较强的杀灭作用，可用于牛舍、用具、车辆、水等的消毒。以有效氯含量10～20毫克/米²（冬季用50

毫克/米^2）计，1千克水含有效氯50～100毫克，可用于牛舍、用具和车辆的消毒。

（2）碘。碘可杀死细菌、芽孢、真菌和病毒等，常用于外科消毒和表层组织消毒。5%碘酊用于手术部位或注射部位消毒；1%碘甘油（碘化钾1克，加蒸馏水1毫升溶解后再加碘1克，搅拌后再加甘油至100毫升）常用于治疗黏膜炎症。

（3）碘伏（聚维酮碘）。此为碘和表面活性剂络合物。1千克水加50毫升碘伏的溶液可杀灭细菌，1千克水加150毫升碘伏则可杀灭芽孢和病毒。

5.阳离子表面活性剂

（1）新洁尔灭（苯扎溴铵）。对多数革兰氏染色阳性菌和革兰氏染色阴性球菌有杀灭作用，但不能杀灭芽孢和结核分枝杆菌，对病毒效力差。0.05%～0.1%的溶液用于术前洗手；0.1%的溶液用于皮肤、器械消毒（玻璃和搪瓷器皿必须浸泡5分钟，金属器械消毒时须加0.5%亚硝酸钠防锈）。

（2）百毒杀（癸甲溴铵）。低浓度即能杀灭细菌、病毒和部分虫卵。0.05%的溶液用于牛舍和环境消毒，以及用具的浸泡洗涤。

6.氧化剂类

（1）高锰酸钾。本品为强氧化剂，0.1%～0.2%的溶液用于冲洗黏膜和皮肤创伤、溃疡等；0.02%的溶液可冲洗阴道、子宫等；也常与福尔马林液合用于牛舍的熏蒸消毒。

（2）过氧化氢溶液（双氧水）。本品为强氧化剂，遇光、遇热、摇晃或久置易分解失效。1%～3%溶液可用于冲洗创伤和瘘管；0.3%～1%溶液用于清洗口腔。

（3）过氧乙酸（过醋酸）。本品为强氧化剂，具有高效、快速和广谱杀菌作用，对细菌、芽孢、真菌和病毒均有杀灭作用。常用0.5%的溶液喷洒消毒牛舍、饲槽和用具等。

（4）过硫酸氢钾。1∶200浓度稀释，可用于牛舍的环境消毒、终末消毒、设备消毒、脚踏盆消毒；1∶400浓度稀释，对大肠杆菌、金黄色葡萄球菌等消毒；1∶800浓度稀释，对链球菌消毒；1∶1 000浓度稀释，对口蹄疫病毒消毒，也可用于饮用水消毒。

7.醇类

乙醇。本品以75%乙醇杀菌能力最强，常用于皮肤、针头等小型医疗器械消毒。其优点是作用迅速、性质稳定、无毒、无腐蚀，缺点是不能杀死芽孢、真菌和病毒。

8.酸类

（1）醋酸。本品为防腐药，0.1%～0.5%的溶液可冲洗阴道；0.5%～2%的溶液可冲洗创口；洗涤口腔，可用2%～3%的溶液。

（2）硼酸。本品为防腐药，眼、创口和口腔冲洗时，可用2%～4%的溶液；治疗溃疡，可用5%硼酸软膏。

二、抗生素

1.青霉素类
青霉素类抗生素主要包括青霉素G、氨苄西林和阿莫西林等。

（1）青霉素G（苄青霉素）。青霉素G为窄谱杀菌药，对大多数革兰氏染色阳性菌、部分革兰氏染色阴性球菌等高度敏感，如链球菌、化脓棒状杆菌、李斯特菌、炭疽杆菌、肺炎球菌等，因其抗菌作用强而常作为首选药物。青霉素G对革兰氏染色阴性杆菌有一些作用，但对结核分枝杆菌、真菌、病毒等则无效。其盐呈碱性，对局部有刺激作用。个别偶见过敏反应。如出现过敏反应，应立即停止用药，严重者可静脉注射肾上腺素，必要时可用地塞米松。因青霉素的水溶液不稳定，所以应即溶即用，以确保效价，减少毒副作用。临床上，青霉素G可与氨基糖苷类、喹诺酮类药物配伍使用，但不能与四环素类酸性药物及磺胺类药物配伍使用。

青霉素G分青霉素G钾和青霉素G钠，临床上以青霉素G钠为好。为了克服青霉素G在体内代谢过快的缺点，使药效维持时间长，临床上也可应用普鲁卡因青霉素或苄星青霉素（长效西林）等长效青霉素。

用法：肌内注射，其用量以2万～3万国际单位/千克体重计，每天2次，连用3天。

（2）氨苄西林（氨苄青霉素）。氨苄西林为半合成青霉素，对大多数革兰氏染色阳性菌的作用不及青霉素G或相近，对革兰氏染色阴性菌（如大肠杆菌、沙门氏菌和巴氏杆菌等）均有较强的作用。临床上用于肺炎、肠炎、子宫炎等炎症治疗。

用法：肌内注射或静脉注射，其用量以2毫克/千克体重计，每天2次，连用3天。

（3）阿莫西林。阿莫西林为半合成青霉素，又称羟氨苄青霉素，对革兰氏染色阳性菌作用同氨苄西林，对肠球菌属和沙门氏菌的作用较氨苄西林强2倍。临床上多用于呼吸道、泌尿道、肝胆系统等感染。

用法：阿莫西林胶囊，内服，其用量以10～15毫克/千克体重计，每天2次。阿莫西林注射液，肌内注射，其用量以4～7毫克/千克体重计，每天2次，连用3天。

2. 大环内酯类　大环内酯类抗生素主要有红霉素、泰乐菌素、替米考星、吉他霉素、罗红霉素、伊维菌素、阿维菌素等。

（1）红霉素。红霉素抗菌谱类似青霉素，对革兰氏染色阳性菌（如链球菌、炭疽杆菌、棒状杆菌等）有较强的抗菌作用，与链霉素、氯霉素有协同作用。临床上用于治疗对青霉素耐药的金黄色葡萄球菌的感染及肺炎、子宫炎和链球菌病等。

用法：乳酸红霉素注射液，肌内注射或静脉注射，其用量以3～5毫克/千克体重计，每天2次，连用3天。

（2）泰乐菌素。泰乐菌素对革兰氏染色阳性菌有抑制作用，效用较红霉素弱，对支原体的作用较强，与其他大环内酯类有交叉耐药现象，不能与青霉素类、四环素类配伍使用。临床上主要用于治疗呼吸道炎症、肠炎、子宫炎和乳腺炎等。

用法：酒石酸泰乐菌素可溶性粉，内服，其用量以7～10毫克/千克体重计，每天2次。酒石酸泰乐菌素注射液，肌内注射，其用量以10毫克/千克体重计，每天2次，连用5～7天。

（3）替米考星。替米考星为广谱抗生素，对革兰氏染色阳性菌、部分革兰氏染色阴性菌、支原体、螺旋体等均有抑制作用，对放线杆菌、巴氏杆菌和支原体具有比泰乐菌素更强的抗菌活性。临床上常用于肺炎、乳腺炎等病的治疗。因其毒性作用的靶器官是心脏，所以本品严禁静脉注射。

用法：注射用替米考星注射液，10毫升，肌内注射。

（4）阿维菌素。广谱、高效、安全。临床上主要用于驱除肠道线虫。对体外寄生虫也有杀灭作用，具体见抗寄生虫药物。

（5）伊维菌素。广谱、高效、安全、低残留的抗蠕虫药。作用同阿维菌素，但毒性较阿维菌素低，对牛至少有10倍治疗量的安全范围。具体见抗寄生虫药物。

（6）多拉菌素。广谱、高效、安全、低残留，对线虫、昆虫和螨虫均有驱杀作用，对多数线虫的驱杀率超过99%。每次注射量为0.3毫克/千克体重计，一次皮下注射能维持数周的药物效果。本品为广谱抗生素，尤对革兰氏阴性菌杀灭效果更好。

3. 头孢菌素类　头孢菌素类抗生素又称先锋霉素类，杀菌力强大，副作用小。现已有四代头孢菌素类抗生素应用于临床治疗。

第一代：头孢氨苄、头孢羟氨苄、头孢噻吩钠、头孢拉定等。

第二代：头孢呋辛、头孢西丁、头孢替安等。

第三代：头孢噻呋、头孢曲松、头孢噻肟、头孢他啶等。

第四代：头孢噻利、头孢吡肟、头孢吡唑等。

头孢菌素的抗菌谱大多优于青霉素类抗生素，对革兰氏染色阳性菌、革兰氏染色阴性菌及螺旋体有效。

第一代头孢菌素对革兰氏染色阳性菌（包括耐药金黄色葡萄球菌）的作用极强，对革兰氏染色阴性菌作用较差，对铜绿假单胞菌无效。

第二代头孢菌素对革兰氏染色阳性菌的作用与第一代相似，但对革兰氏染色阴性菌的作用较强。

第三代头孢菌素对革兰氏染色阳性菌作用强大，较第一、二代弱，对革兰氏染色阴性菌作用比第二代强，尤其对肠杆菌属和铜绿假单胞菌有强大的杀菌作用。

第四代头孢菌素抗菌作用似第三代，但其血浆消除半衰期较长，无肾毒性。

目前，在临床治疗应用中，第一代的头孢氨苄、头孢拉定和第三代中的头孢噻呋、头孢曲松等应用越来越多。特别是头孢噻呋制剂应用有明显上升的趋势，临床上主要用于治疗消化道、呼吸道、泌尿生殖道感染等。

不少人认为，抗菌药越高级越好，如第三代头孢一定比第一代头孢要好。这个观念是错误的。抗菌药物有其自身的抗菌谱，即抗菌范围。细菌主要分为两类：革兰氏染色阳性菌和革兰氏染色阴性菌。例如，第一代头孢抗革兰氏染色阳性菌的作用要强于第三代头孢。因此，抗菌药物并非越高级越好、越贵越好，只有合适的才是最好的。

头孢菌素一般不与青霉素类、林可胺类、四环素类、磺胺类药物配伍使用。因为它们能相互拮抗或疗效相抵及产生副作用。另外，与罗红霉素等大环内酯类药物和氟苯尼考等氯霉素类药物配伍使用会产生沉淀、分解，从而导致药物失效。

用法：注射用头孢噻呋，肌内注射，其用量以10～20毫克/千克体重计，每天2次，连用3天。注射用头孢唑啉钠，肌内注射或静脉注射，其用量以15～20毫克/千克体重计，每天2次，连用3天。注射用头孢氨苄，肌内注射，其用量以10毫克/千克体重计，每天2次，连用3天。注射用头孢曲松钠，肌内注射，其用量以10毫克/千克体重计，每天2次，连用3天。注射用头孢噻呋钠，肌内注射，其用量以3～5毫克/千克体重计，每天1次，连用3天。

4. 林可胺类

（1）林可霉素（洁霉素）。林可霉素的抗菌作用与大环内酯类抗生素相似，抗菌谱较窄，对革兰氏染色阳性菌（如链球菌、肺炎球菌和葡萄球菌等）有较强的抗菌作用，但对革兰氏染色阴性菌作用差。临床上，主要用于治疗由革兰氏染色阳性菌引起的各种感染，如肺炎、乳腺炎、化脓性关节炎、链球菌病、放线菌病、伪结核病、败血症等。本品肌内注射吸收良好，但有疼痛刺激。

用法：盐酸林可霉素注射液，肌内注射，其用量以10～15毫克/千克体重计，每天2次，连用3～5天。

（2）克林霉素（氯林可霉素、氯洁霉素）。克林霉素抗菌谱与林可霉素相同，但抗菌强度比林可霉素强4～8倍。

用法：磷酸克林霉素注射液，肌内注射，用量同盐酸林可霉素。

5. 氨基糖苷类　氨基糖苷类常用的有链霉素、卡那霉素、庆大霉素、阿米卡星、大观霉素等。

（1）链霉素。链霉素对大多数革兰氏染色阴性杆菌有较强的抗菌作用，如沙门杆菌、大肠杆菌、布鲁氏菌、痢疾杆菌和巴氏杆菌等，对结核分枝杆菌的作用在氨基糖苷类中最强。

细菌对链霉素极易产生耐药性，且不易恢复。多种氨基糖苷类抗生素同用或先后连续应用，可增强毒性，使肾功能降低，骨骼肌松弛，呼吸抑制，听力减退。由于链霉素能透过胎盘进入胎血循环，因而孕牛慎用。临床上，链霉素常用于治疗结核病、肺炎、细菌性肠炎、子宫炎、败血症等。

用法：注射用硫酸链霉素，肌内注射，其用量以10～15毫克/千克体重计，每天2次，连用3天。

（2）卡那霉素。卡那霉素抗菌谱与链霉素相似，但抗菌活性略强于链霉素。对多数革兰氏染色阴性菌有强大的抗菌作用，特别对耐青霉素的金黄色葡萄球菌和呼吸系统的支原体有较好的治疗效果。临床上，卡那霉素不能与氨基酸苷类药物同时使用，以避免增强毒性。

用法：注射用硫酸卡那霉素，肌内注射，其用量以10～15毫克/千克体重计，每天2次，连用3天。

（3）庆大霉素。庆大霉素在氨基糖苷类中抗菌谱较广，抗菌活性最强。细菌对本品易产生耐药性，但停药一段时间后可部分或完全恢复。临床上，用于治疗由耐药金黄色葡萄球菌、沙门氏菌、大肠杆菌等引起的呼吸道感染、消化道感染、泌尿道感染和败血症等。

用法：硫酸庆大霉素注射液，肌内注射，其用量以2～4毫克/千克体重计，每天2次，连用3天。

（4）阿米卡星（丁胺卡那霉素）。阿米卡星的抗菌作用与卡那霉素相似，但较卡那霉素抗菌谱广，且作用有所增加，尤其对耐庆大霉素、卡那霉素的铜绿假单胞菌、大肠杆菌、肺炎杆菌仍然有效。临床上，用于治疗呼吸道感染、消化道感染、菌血症和败血症等。

用法：硫酸阿米卡星注射液，肌内注射，其用量以5～7.5毫克/千克体重计，每天2次，连用3天。

（5）大观霉素（壮观霉素、奇霉素）。大观霉素对某些革兰氏染色阴性菌有很强的抗菌作用，如布鲁氏菌、铜绿假单胞菌、巴氏杆菌、沙门氏菌等，对支原体也有一定的作用，对部分革兰氏染色阳性菌（链球菌、葡萄球菌）作用较强。大观霉素与氯霉素、四环素因有拮抗作用，所以不能配伍使用。临床上，主要用于治疗由大肠杆菌、巴氏杆菌、沙门氏菌等引起的感染。

用法：大观霉素注射液10毫升，肌内注射。

6. 四环素类　四环素类属广谱抗生素，兽医上常用的有土霉素、四环素、多西环素等。

（1）土霉素。土霉素为广谱抗生素，对革兰氏染色阳性菌和革兰氏染色阴性菌都有灭杀作用，对支原体、衣原体、螺旋体、立克次体和某些原虫也有抑制作用，但对革兰氏染色阳性菌的作用不如青霉素类和头孢菌素类，对革兰氏染色阴性菌作用不如氨基糖苷类和氯霉素。

细菌对土霉素能产生耐药性，但产生较慢。天然四环素（如四环素、土霉素、金霉素、地美环素等）之间有交叉耐药性。

土霉素内服吸收差，且抑制瘤胃微生物活性，所以不宜内服给药。一般不宜与绝大多数其他药物混合使用，避免与本品形成难溶的螯合物。临床上，用于治疗敏感菌所致的各种感染。

用法：注射用盐酸土霉素，肌内注射，其用量以5～10毫克/千克体重计，每天2次，连用3天。

复方长效土霉素注射液，肌内注射，其用量以10～20毫克/千克体重计，每2天1次。

（2）多西环素（强力霉素、脱氧土霉素）。多西环素是一种长效、高效、广谱的半合成四环素类衍生物，抗菌谱与土霉素和四环素相似，但抗菌作用较土霉素和四环素强。多西环素不宜与其他任何药物混合使用。临床上，用于治疗巴氏杆菌病、布鲁氏菌病、急性呼吸道感染、支原体肺炎以及由大肠杆菌和沙门氏菌引起的感染等。

用法：盐酸多西环素注射液，缓慢肌内注射，其用量以1～3毫克/千克体重计，每天1次，连用3天。

7. 氯霉素类　氯霉素类抗生素包括氯霉素、甲砜霉素及其衍生物氟苯尼考等，均属广谱抗生素。

（1）氯霉素。氯霉素属于广谱快效抑菌抗生素，对革兰氏染色阳性菌和革兰氏染色阴性菌都有灭杀作用，对革兰氏染色阴性菌作用较革兰氏染色阳性菌强，特别对大肠杆菌作用最强。长期或多次反复使用，可抑制骨髓造血功能，并引起消化功能紊乱。临床上，主要用于肠道感染，特别是沙门氏菌感染，也可用于子宫炎、传染性角膜炎等局部感染。一般不宜与其他类药物混用。现兽医临床上已弃用该药。

用法：氯霉素注射液，肌内注射，其用量以30～50毫克/千克体重计，每天2次。

（2）氟苯尼考（氟甲砜霉素）。氟苯尼考为新一代动物专用的氯霉素类广谱抗生素，抗菌活性优于氯霉素和甲砜霉素，且高效、低毒、吸收良好，体内分布广泛。尤其对由巴氏杆菌、大肠杆菌、沙门氏菌、支原体等引起的感染治疗效果明显，能有效控制呼吸道和消化道及有关的继发感染与并发症。氟苯尼考对胚胎有毒性，妊娠母牛慎用。

用法：氟苯尼考注射液，肌内注射，其用量以20～25毫克/千克体重计，2天1次，连用2～3天；或参照说明书使用。

8. 磺胺类　磺胺类药是最早人工合成的广谱抑菌药。本类药物只抑菌不杀菌，所以必须有足够的剂量和疗程，不能过早停药。首次用量或第一天用量加倍，之后改为维持量。磺胺类药易蓄积中毒，损害神经，因而连续用药时间原则上不宜超过7天。细菌易对磺胺类药物产生耐药性，且各种磺胺类药间有完全交叉耐药性。所以，当一种磺胺类药无效时，用本类其他药物替代也无效。

不同磺胺类药物对病原菌的抑制作用也有差异，其抗菌作用强度的顺序为磺胺间甲氧嘧啶＞磺胺嘧啶＞磺胺二甲嘧啶＞磺胺对甲氧嘧啶＞氨苯磺胺。

磺胺类药和抗菌增效剂联合使用有协同作用，使磺胺类药物效果增加数倍甚至数十倍。

磺胺类药物抗菌谱较广，为慢效抑菌剂。对大多数革兰氏染色阳性菌和部分革兰氏染色阴性菌有效。对磺胺类药较敏感的病原菌有链球菌、肺炎球菌、沙门氏菌、大肠杆菌等，其次对葡萄球菌、巴氏杆菌、炭疽杆菌、铜绿假单胞菌等有抑制作用。某些磺胺类药还对球虫等有效。临床上，主要用于治疗呼吸道感染、消化道感染、泌尿道感染及乳腺炎、子宫炎、败血症等。

（1）磺胺间甲氧嘧啶（磺胺-6-甲氧嘧啶）。抗菌作用最强，对革兰氏染色阳性菌、革兰氏染色阴性菌均有良好的抑菌作用，用于局部和全身感染。可用于治疗呼吸道感染、消化道感染和泌尿道感染，对球虫、弓形虫、附红细胞体作用明显。

用法：磺胺间甲氧嘧啶注射液，肌内注射，其用量以50毫克/千克体重计，每天1～2次，连用3天。

（2）磺胺嘧啶。对大肠杆菌、溶血性链球菌、肺炎双球菌、脑膜炎双球菌等感染有治疗作用。

用法：磺胺嘧啶注射液，肌内注射，其用量以70毫克/千克体重计，每天2次。

（3）磺胺对甲氧嘧啶（磺胺-5-甲氧嘧啶）。对革兰氏染色阳性菌和革兰氏染色阴性菌（如化脓性链球菌、沙门氏菌和肺炎杆菌等）均有良好的抑菌作用，对球虫、弓形虫以及泌尿道感染疗效较好。

用法：磺胺对甲氧嘧啶钠注射液，肌内注射，其用量以15～20毫克/千克体重计，每天1～2次，连用3天。

9. 抗菌增效剂　抗菌增效剂是一类新型广谱抗菌药物，能增强磺胺类药和多种抗生素的疗效。目前，临床上常用的有联磺甲氧苄啶和联磺二甲氧苄啶及复方磺胺甲噁唑等。本类药与磺胺类药物合用时，抗菌作用可增强数倍至数十倍，甚至使抑菌作用变为杀菌作用，并可减少耐药菌株的产生；但单独使用时，虽也有抗菌作用，但易产生耐药性。抗菌增效剂除常与磺胺间甲氧嘧啶、磺胺嘧啶、磺胺二甲嘧啶、磺胺对甲氧嘧啶等磺胺药联合使用外，临床上也常与四环素、庆大霉素等抗生素联合使用以增强疗效。

10. 喹诺酮类　喹诺酮类药物为广谱杀菌性抗菌药物，常用的有环丙沙星、恩诺沙星等，是第三代喹诺酮类药物。临床上，主要用于由敏感的革兰氏染色阴性菌、部分革兰氏染色阳性菌和支原体引起的疾病，特别对耐青霉素G的金黄色葡萄球菌、耐磺胺类和甲氧苄啶的细菌、耐庆大霉素的铜绿假单胞菌、耐泰乐菌素的支原体有效。临床上，用于治疗大肠杆菌性腹泻、败血症、巴氏杆菌病、沙门氏菌病、支原体病和链球菌病等。

喹诺酮类药物不但杀菌力强、吸收快、体内分布广泛，而且与大多数抗菌药物交叉耐药，毒副作用小，安全性高。

本类药与青霉素类、氨基糖苷类、磺胺类、林可胺类、四环素类药联用有协同作用。但氯霉素类药物可导致喹诺酮类药物作用降低，有的甚至完全消失，因此不宜联合使用。另外，大剂量和长期使用本类药物易引起软骨病。

（1）环丙沙星（环丙氟哌酸）。环丙沙星对革兰氏染色阴性菌的抗菌活性是本类药物中最强的一种，对革兰氏染色阳性菌、支原体也有较强的抑制作用。临床上，用于治疗消化道、呼吸道、泌尿道等感染及支原体病。

用法：盐酸环丙沙星注射液，肌内注射或静脉注射，其用量以2毫克/千克体重计，每天2次，连用3～5天。

（2）恩诺沙星（乙基环丙沙星）。恩诺沙星为广谱杀菌药，对支原体有特效，效力比泰乐菌素强，对耐泰乐菌素的支原体仍有效，且对革兰氏染色阴性菌和革兰氏染色阳性菌都有较强的抗菌作用。临床上，用于治疗大肠杆菌腹泻、败血症、巴氏杆菌病、沙门氏菌病、支原体病和链球菌病。

用法：盐酸恩诺沙星注射液，肌内注射，其用量以2.5毫克/千克体重计，每天2次，连用3～5天。

11. 喹噁啉类 喹噁啉类抗菌药物为合成抗菌药，属广谱抗菌药。目前主要是乙酰甲喹（痢菌净）。乙酰甲喹对革兰氏染色阴性的巴氏杆菌、大肠杆菌、沙门氏菌、李氏杆菌等有较强抗菌作用，对某些革兰氏染色阳性菌（如金黄色葡萄球菌、链球菌等）也有抑制作用。临床上，主要用于治疗细菌性肠炎。

用法：痢菌净注射液，肌内注射，其用量以2～5毫克/千克体重计，每天2次，连用3天。

三、中草药制剂

由于某些抗病毒成分的药物禁止在兽药中使用，因此用中草药防治病毒性疾病就显得尤为重要。其作用机制是抑制病毒、抗菌消炎、解热镇痛、增强免疫力、干扰病毒的复制。

目前，兽医临床中常用的中草药制剂有黄芪多糖、柴胡、双黄连、穿心莲、板蓝根、大青叶、板青颗粒、荆防败毒散、清瘟败毒散、银翘散及三黄加白散等单方或复方的针剂、粉剂等。

四、抗寄生虫药物

1. 抗蠕虫药 凡能将体内寄生的线虫类、绦虫类、吸虫类等蠕虫杀灭或驱出体外的药物，即为抗蠕虫药。

（1）敌百虫。敌百虫为广谱驱虫药，对大多数消化道线虫和某些吸虫及体表的蜱、螨、蚤、虱、蚊、蝇均有杀灭作用。

用法：精制敌百虫片，内服，其用量以80～100毫克/千克体重计，配成2%～3%水溶液灌服；外用，用1%～2%水溶液涂擦或喷雾驱虫。

（2）左旋咪唑（左咪唑、左噻咪唑）。左旋咪唑为广谱驱虫药。临床上，常用于肺和胃肠道线虫的驱除。另外，可增强白细胞吞噬力，从而提高机体免疫力。

用法：片剂，内服；注射液，皮下注射或肌内注射。其用量以7.5～8毫克/千克体重计。

注意：屠宰前7天应停药。

（3）阿苯达唑（丙硫苯咪唑、丙硫咪唑、抗蠕敏）。阿苯达唑为广谱、高效、低毒驱蠕虫药。临床上，用于驱除胃肠道和肺的线虫、肝片吸虫、绦虫、蛔虫等，对脑多头蚴也有一定效果。

用法：片剂，内服，其用量以10～15毫克/千克体重计。

（4）阿维菌素。阿维菌素为大环内酯类抗生素，广谱、高效、安全（但毒性较伊维菌素略强）。临床上，主要用于驱除肠道线虫，对体外寄生虫（如螨、蜱、虱、蝇等）也有杀灭作用。

用法：片剂，内服，其用量以0.3毫克/千克体重计；涂擦剂，涂擦，一次用量以0.1毫升/千克体重计；注射液，皮下注射，其用量以0.2毫克/千克体重计，用药后21天内不能屠宰食用。

（5）伊维菌素。伊维菌素为广谱、高效、低毒、低残留的抗蠕虫药，属大环内酯类抗生素。作用同阿维菌素，但毒性较阿维菌素低。临床上，用于驱除消化道线虫，对蜱、螨、虱、蛆也能驱杀。对牛至少有10倍治疗量的安全范围。

用法：注射液，皮下注射，一次用量以0.2毫克/千克体重计，注射后21天内不得屠宰食用。

（6）吡喹酮。吡喹酮为广谱、高效抗绦虫药，是较为理想的驱除绦虫、蛔虫和成虫及各种吸虫的药物，但无杀灭虫卵的作用。

用法：片剂，内服，其用量以50～70毫克/千克体重计。因吡喹酮微溶于水，若自配注射液，则与液体石蜡或消毒好的植物油按1∶10混合，置于消毒过的研钵内研末，在臀部分点做深部肌内注射，5天后重复注射1次。

（7）氯硝柳胺（硝氯柳胺、灭绦灵）。氯硝柳胺是莫尼茨绦虫、曲子宫绦虫、无卵黄腺绦虫的灭绦虫药，对前后盘吸虫及其幼虫也有杀灭作用。

用法：片剂，内服，其用量以50～80毫克/千克体重计。

（8）硫氯酚（别丁）。硫氯酚临床上用于驱除肝片吸虫、前后盘吸虫和绦虫等。

用法：片剂，内服，其用量以75～100毫克/千克体重计，连用2次，间隔时间为1～2天；注射液，深部肌内注射，其用量以20～25毫克/千克体重计。

（9）硝氯酚（拜耳9015）。硝氯酚对肝片吸虫成虫可达100%的驱虫效果，且高效、低毒、用量小。

用法：片剂，内服，其用量以3～6毫克/千克体重计；注射液，其用量以1～2毫克/千克体重计，肌内注射。

（10）三氯苯咪唑（肝蛭净）。三氯苯咪唑是杀灭各阶段肝片吸虫的理想驱虫药。

用法：丸剂，内服，其用量以10毫克/千克体重计。

2.抗原虫药　抗原虫药是能驱杀体内球虫、锥虫、焦虫、梨形虫和弓形虫等的药物。

（1）莫能菌素。临床上用于治疗球虫病。

用法：20%莫能菌素预防剂，每千克饲料20～30毫克饲喂，休药期3天。

（2）贝尼尔（三氮脒、血虫净）。贝尼尔为抗梨形虫药，安全范围小、毒性较大。治疗时，贝尼尔可能产生不良反应，但通常会自行耐过。

用法：注射用粉针剂，深部肌内注射，剂量大时分点注射，其用量以3～5毫克/千克体重计。用时配成5%～7%的溶液，隔天肌内注射。

（3）硫酸喹啉脲（阿卡普林）。硫酸喹啉脲为抗梨形虫药，药效快、毒性大。用药后，牛可出现频频起卧、呼吸困难、眼结膜发绀等拟胆碱样作用。临床上，用于治疗梨形虫病和焦虫病。

用法：针剂，皮下注射，其用量以2毫克/千克体重计。为防止出现拟胆碱样作用，用时可配合阿托品使用。

（4）黄色素。黄色素主要用于治疗焦虫病和梨形虫病。

用法：注射液，静脉注射，其用量以3毫克/千克体重计（最大量不超过0.5克）。

（5）咪唑苯脲。咪唑苯脲用于治疗焦虫病、梨形虫病、附红细胞体病等。本品注射后可迅速吸收并分布于全身组织，1小时后即可达到血药峰浓度，具有用量小且药效持久、刺激小、耐药性低等特点。其用量以1～2毫克/千克体重计，皮下或肌内注射。

3.杀虫剂　杀虫剂是能杀灭蜱、螨、虱、蚊、蝇等体外寄生虫的药物。

（1）敌百虫。见抗蠕虫药。

（2）马拉硫磷。马拉硫磷为接触性的有机磷杀虫剂，对蜱、螨、虱、蚊、蝇等体外寄生虫均有杀灭作用。

用法：马拉硫磷乳剂，用水配成0.1%～0.2%溶液喷洒。

（3）溴氰菊酯（敌杀死、倍特）。溴氰菊酯为接触性的拟除虫菊酯类杀虫剂，杀虫谱广、高效、速效、低毒，对体外寄生虫及羊鼻蝇等均能杀灭，药效长。

用法：5%溴氰菊酯乳油、2.5%溴氰菊酯可湿性粉，外用药浴或喷淋。药物稀释时，如水温超过50℃，则药物会分解失效。

（4）杀虫脒（氯苯基脒）。杀虫脒杀虫谱广、低毒、残留期长，用于杀灭体表寄生虫。

用法：药浴、喷淋或外用，配制成0.1%～0.2%药液。

（5）蝇毒磷。蝇毒磷主要用于杀灭体表寄生虫。

用法：喷淋，杀灭蜱、螨用0.05%溶液，杀灭虱、蚊、蝇用0.025%溶液，药浴用0.05%溶液。

（6）二嗪农（螨净）。用于驱杀家畜的体表寄生虫蜱、螨、虱等。

用法：药浴、喷淋或外用。初液1毫升加水400毫升（25%规格）或1毫升加水1 000毫升（60%规格）；补充液6毫升加水1 000毫升（25%规格）或1毫升加水400毫升（60%规格）。

五、其他常用药物

（1）碘化钾。碘化钾属祛痰药，用于慢性或亚急性支气管炎、局部病灶消炎及用于配制碘酊和复方碘溶液。

用法：片剂，内服，1～3克。

（2）樟脑磺酸钠。樟脑磺酸钠为延髓兴奋剂，可使呼吸增强、血压回升，有强心作用。

用法：樟脑磺酸钠注射液，皮下注射、肌内注射或静脉注射，一次量0.2～1克。

（3）阿托品。阿托品为抗胆碱药，当平滑肌处于过度收缩和痉挛时，本品松弛作用极明显，还能增加心肌收缩力和心率。临床上，主要用于调节肠胃蠕动，也用于治疗有机磷农药中毒等。

用法：硫酸阿托品注射液，皮下注射，一次量2～4毫克。用于治疗中毒性休克或有机磷农药中毒。可皮下注射、肌内注射或静脉注射，一次量以0.5～1毫克/千克体重计。

（4）人工盐。人工盐由硫酸钠44%、碳酸氢钠36%、氯化钠18%、硫酸钾2%混合而成。内服少量人工盐，可反射性地使肠胃蠕动增强，消化液分泌增加，提高食欲。

用法：内服，健胃用，一次量10～30克；缓泻用，一次量50～100克。

（5）鱼石脂。鱼石脂为防腐剂。临床上，常用于治疗瘤胃臌胀、前胃弛缓、消化不良，也用于消炎、消肿、治疗皮炎和蜂窝织炎等。

用法：内服，一次量1～5克。先稀释成10%乙醇溶液，再加水稀释成3%～5%溶液灌服，用于防腐制酵。外用时，多配成30%～50%药膏局部涂敷。

（6）甲醛溶液。甲醛溶液为含40%甲醛的水溶液，常以20～30倍稀释液内服，用于急性瘤胃臌胀。因服用本品后常伴发消化不良，故不能反复使用。

用法：内服，一次量1～3毫升。

（7）松节油。松节油为皮肤刺激药，也能在内服后促进肠胃蠕动，并有制酵、祛风、消沫等作用。临床上，用于治疗瘤胃泡沫性臌胀、肠臌气、胃肠弛缓等。

用法：内服，一次量3～10毫升，用时加3～4倍植物油混匀后灌服。植物油本身能降低泡沫的稳定性，使泡沫破裂而发挥消沫作用。

（8）10%氯化钠注射液。本品可调节机体水和电解质平衡。临床上，用于治疗前胃弛缓、瘤胃积食等。

用法：静脉注射，一次量以0.1克/千克体重计。注射时速度宜慢，不可漏至血管外。心力衰竭者慎用。

（9）硫酸钠（芒硝）。纯度高的硫酸钠又称元明粉。小剂量内服，可使肠胃分泌和蠕动增强，有轻度健胃作用，较大剂量有泻下作用。

用法：内服，一次量3～10克；用于健胃，40～100克配制成6%～8%溶液，胃管灌服，用于泻下。

（10）呋塞米（速尿）。本品为利尿剂。临床上，适用于各种原因引起的水肿。但不能反复使用，以免引起机体脱水、低钾与低氯血症。

用法：呋塞米注射液，肌内注射或静脉注射，一次量以0.5～1毫克/千克体重计，每天或隔天1次。

（11）催产素（缩宫素）。本品可兴奋子宫平滑肌，加强其收缩作用。临床上，用于催产、产后子宫出血时的止血、胎衣不下、死胎滞留、子宫脱垂和新分娩母畜的无乳症等。催产时要控制剂量，以免引起子宫强直性收缩。

用法：催产素注射液，皮下注射或肌内注射，一次量为10～50国际单位。

（12）氯丙嗪。氯丙嗪为安定剂。临床上，用于使动物安静、缓解症状。若配合水合氯醛能显著增强麻醉药的效果，减少麻醉药用量。常用于抗应激反应，如运输应激等。

用法：盐酸氯丙嗪注射液，肌内注射，一次量以1～2毫克/千克体重计。

（13）硫酸镁注射液。硫酸镁注射液为抗惊厥药。临床上，用于缓解中枢神经因病变而造成的兴奋症状和骨骼肌不自主收缩。

用法：硫酸镁注射液，肌内注射或静脉注射，一次量为2.5～7.8克。

（14）普鲁卡因（奴佛卡因）。普鲁卡因属局部麻醉药，毒性低，作用快。临床上，用于局部麻醉和封闭疗法。

用法：盐酸普鲁卡因注射液，浸润麻醉，封闭疗法，0.25%～5%溶液；传导麻醉，2%～5%溶液2～5毫升。

（15）肾上腺素。本品能快速强心，可用于过敏性休克等的急救。临床上，还用于局部止血和过敏性疾病，如蹄叶炎、支气管痉挛等。对免疫血清和疫苗引起的过敏反应也有效。

用法：盐酸肾上腺素注射液，皮下注射或肌内注射，一次量为0.2～0.6毫升。可用纱布浸以0.15%盐酸腺上素溶液填充出血处，制止出血。

（16）氯贝胆碱（氨甲酰甲胆碱）。本品能增强肠胃蠕动，兴奋瘤胃，使粪便及时排出。临床上，用于治疗前胃弛缓、肠道弛缓、肠胃积食、便秘、胎衣不下、子宫蓄脓等。

用法：氯贝胆碱注射液，皮下注射，一次量以0.25～0.6毫克/千克体重计。

（17）氯前列烯醇。氯前列烯醇对母牛的妊娠黄体、持久黄体有明确的溶解作用，进而调节母牛的发情周期，促进发情。可特异性兴奋子宫，对子宫平滑肌有明显的舒张作用，并能使子宫颈松弛开放，有利于母牛子宫的净化。

用法：肌内注射，一次量为2～3毫升。

（18）钙制剂。本类钙制剂包括氯化钙、葡萄糖酸钙、维丁胶性钙等。临床上，用于骨软症、佝偻病、产前或产后瘫痪及缺钙引起的抽搐和痉挛等。

用法：氯化钙注射液，静脉注射，一次量为1～5克。因刺激性强，不宜皮下注射或肌内注射。5%氯化钠注射液注射时，应以等量的10%～20%葡萄糖溶液稀释。静脉注射时，严防漏出血管，一旦漏出则用0.5%普鲁卡因局部封闭后，于局部注射25%硫酸钠溶液10～20毫升。葡萄糖酸钙注射液，静脉注射，一次量为1～5克。维丁胶性钙注射液，肌内注射，一次量以1毫升/20千克体重计，每天1次，连用5～7天。

（19）维生素A、维生素D。维生素是机体活性物质之一，本品用于防治维生素A缺钙症、佝偻病、骨软化症和皮肤、黏膜炎症及局部创伤。

用法：维生素A、维生素D注射液，内服或肌内注射，一次量为2～4毫升。

（20）维生素C（抗坏血酸）。维生素C参与体内氧化还原反应，增强肝、肾的解毒功能，抗炎，助消化。临床上，一般在发生感染性疾病和处于应激状态时才补充维生素C。

用法：维生素C注射液，肌内注射或静脉注射，一次量为5～10毫升。

（21）地塞米松。地塞米松为糖皮质激素，具有消炎、抗毒素、抗休克作用；还具有免疫抑制作用，是糖皮质激素中作用很强的一种。临床上，用于治疗严重感染或其他危急病例。

（22）黄体酮（孕酮）。黄体酮为性激素。临床上，可用于预防和治疗流产，与维生素E同用效果更好；也可用于同期发情。屠宰前要停药21天。

（23）对乙酰氨基酚（扑热息痛）。有较好的解热作用和镇痛作用，属解热镇痛药。

用法：片剂，内服，一次量为1～4克。

（24）安乃近。本品为解热镇痛药，并有一定的抗风湿、消炎等作用。

用法：安乃近注射液，皮下注射或肌内注射，一次量为1～3克。

（25）水杨酸钠。本品可抗风湿、消炎，可消肿、降温、镇痛。

用法：水杨酸钠注射液，缓慢静脉注射，一次量为2～5克。复方水杨酸钠注射液，静脉注射，一次量为5～10克。

（26）复方氨基比林注射液。本品解热作用强，含氨基比林7.15%、巴比妥2.85%，皮下注射或肌内注射，一次量为5～10毫升。

（27）阿尼利定注射液。本品可解热、镇痛，含氨基比林5%、巴比妥0.9%、安替比林2%，皮下注射或肌内注射，一次量为5～10毫升。

（28）碘解磷定。本品可用于治疗有机磷中毒。

用法：碘解磷定注射液，一次量以15～30毫克/千克体重计，用葡萄糖溶液或生理盐水稀释后缓慢静脉注射。

（29）酚磺乙胺注射液。本品为止血药，主要用于内出血、鼻出血及手术出血的预防和止血。

用法：肌内或静脉注射，一次量为10～20毫升。预防外科手术出血，应在术前15～30分钟用药。

附录3　肉牛防疫

一、疫苗种类

疫苗有活疫苗和灭活疫苗之分。

1.活疫苗　又称弱毒苗，用毒力减弱的细菌或病毒等微生物经大量繁殖后制成的活疫苗称为弱毒苗。弱毒苗的特点是虽然原有毒力已经减弱，但仍保留其抗原性，接种后能在体内生长繁殖，既能增加相应抗原量又可加强其抗原刺激作用，因此用量小，产生免疫力快，免疫效果好，免疫期长。弱毒苗由于是人工方法将强毒株变为弱毒株，如减毒不够或毒力残留量过高或发生毒力返强（祖）现象，则易造成散毒或引起不良反应，严重者可引起死亡。

弱毒苗常制成冻干苗，可大大延长保存期。弱毒苗需低温冷藏。

牛传染性胸膜肺炎弱毒苗、牛巴氏杆菌弱毒苗、牛布鲁氏菌病活疫苗等都属此类型。

2.灭活疫苗　又称死疫苗，将病原微生物（强毒或弱毒）大量繁殖后，采用物理的或化学的（如甲醛）方法使其失活，但仍保留其免疫原性制作的苗即为灭活疫苗。其特点是安全性好，不散毒，不受母源抗体的干扰（给新生犊牛接种弱毒苗时，易受母源相应抗体的干扰而抑制初次应答），不需低温保存，4～15℃保存均可，且便于制备多价苗（用同一种微生物的不同血清型混合制成的苗）和联苗（用两种以上不同病原微生物分别培养灭活后混合制成的苗）。但灭活苗也有缺点，由于死苗被接种后不能再繁殖，因此用量大，产生免疫力较缓慢，价格较高。此类苗只能接种（皮下或肌内）注射，不适于滴鼻、点眼、气雾和饮水免疫，因而费时、费工。为了提高灭活苗的免疫效力，常加入某种非抗原免疫增强剂，即所谓佐剂。常用的佐剂有氢氧化铝胶、明矾、磷酸钙和油水乳剂。

牛沙门氏菌灭活疫苗、牛口蹄疫灭活疫苗、牛巴氏杆菌氢氧化铝灭活疫苗等都属此类型。

二、疫苗的运送、保存和使用

1疫苗运送　弱毒苗应在低温条件下运送，少量运送可装在盛有冰块的广口瓶内。

2疫苗保存　灭活疫苗应保存在2～8℃的环境中，防止冻结；大多数弱毒疫苗应在－15℃以下冻结保存。

3疫苗使用

（1）吸取疫苗时，先除去封口以上的火漆、石蜡或铝箔，用酒精棉球消毒瓶塞表面；然后，用灭菌注射器吸取。如一次不能吸完，不要把针头拔出，以便继续吸取。

（2）妊娠后期牛应谨慎使用，疑似病牛和发热病牛不能接种。同时接种两种以上的疫苗时，注射器针头、疫苗不得混合使用，应该选择不同途径、不同部位进行免疫。

（3）使用活疫苗时应严防泄漏，用后消毒深埋。

三、免疫接种类型

可分为预防接种和紧急接种。牛发生烈性传染病时，对疫区、疫群和风险地区尚未发病的牛只进行紧急接种。紧急接种的对象是没有感染的健康牛，以求疫情不再蔓延。

四、免疫程序

免疫程序是根据疫苗种类、疫苗免疫有效期、动物机体免疫反应等制定的实施程序。免疫程序的内容包括疫苗种类、接种对象、接种方法、时间、剂量和次数。目前，我国还没有统一的免疫程序，应因地制宜、自行制定和实施。

附录4　牛场参考免疫程序

序号	名称	注射方法及剂量	有效期
1	炭疽芽孢苗	皮下注射，1岁以下0.5毫升、1岁以上1毫升，每年春季免疫1次	14天产生免疫力，保护期1年
2	Ⅱ号炭疽芽孢苗	皮下注射，1毫升，每年春季免疫1次	14天产生免疫力，保护期1年
3	气肿疽明矾菌苗	皮下注射，5毫升	14天产生免疫力，保护期6个月
4	口蹄疫O型－A型二价灭活苗	皮下或肌内注射，2毫升，3月龄首免，4月龄时加强1次，以后春、秋各免疫1次	免疫期4~6个月
5	牛传染性鼻气管炎弱毒疫苗	按疫苗注射头份，用生理盐水稀释为每头份1毫升，皮下或肌内注射，间隔30~45天再次注射免疫1次	保护期1年
6	牛巴氏杆菌病灭活苗	皮下或肌内注射，100千克以下4毫升，100千克以上6毫升，春、秋各1次	保护期9个月
7	牛巴氏杆菌病油乳剂疫苗	肌内注射，犊牛4~6月龄初免，3~6个月后再免疫1次，每头3毫升	21天产生免疫力，保护期9个月
8	牛传染性胸膜肺炎活疫苗	液体苗用生理盐水1：100倍稀释或20%氢氧化铝生理盐水1：500倍稀释。冻干苗用20%氢氧化铝生理盐水50倍稀释。成年牛按每头份2毫升臀部肌内注射	保护期1年
9	牛沙门氏菌灭活苗（副伤寒活苗）	肌内注射，1岁以下1毫升、1岁以上2毫升，首免后10天，再注射1次	14天产生免疫力，保护期6个月
10	布鲁氏菌羊型5号冻干弱毒菌苗（M5）	用于3~8月龄的牛，皮下注射，用菌数为500亿/头	免疫期1年，公牛、成年母牛、孕牛不宜使用
11	布鲁氏菌猪型2号弱毒菌苗（S_2）（此外，还有布鲁氏菌病A19疫苗、布鲁氏菌基因缺失活疫苗）	皮下注射和口服时，用菌数为500亿/头	免疫期2年，公母牛均可用，孕牛不宜
12	牛结节性皮肤病山羊痘活疫苗	抽5毫升生理盐水稀释，用12~20号针头及1毫升注射器，不论大小按羊的5倍剂量进行尾根皮内注射0.2毫升	100头份/瓶（羊）可免疫20头牛，孕牛慎用，避免流产
13	牛病毒性腹泻－黏膜病弱毒疫苗	皮下注射，成年牛免疫1次，犊牛2月龄适量免疫1次，到成年时再免疫1次，用量参照说明书	14天后产生免疫力，22个月保护期

附录5　牛场消毒

一、消毒概念

消毒是指用物理的、化学的或生物学的方法，杀死物体表面或内部病原微生物的一种方法。目的是切断传播途径，防止疫病蔓延。

二、消毒种类

根据消毒目的的不同，可分为预防性消毒、随时消毒（紧急消毒或临时消毒）和终末消毒。

三、消毒基本原则

1.浓度　一般情况下，消毒剂的浓度越高，作用时间越长，效果越好，但对组织的刺激性也越大。因此，要选择合适的浓度。例如，漂白粉10%～20%、烧碱2%～10%。

2.温度　在一定范围内，温度越高，杀菌力越强。温度每升高10℃，抗菌活性可增加1倍。一般消毒剂需在16℃以上才有明显效果。

3.有机物　因粪便、饲料残渣、分泌物等有机物能与消毒剂结合，使其作用减弱或机械性地保护微生物而阻碍消毒剂的作用。因此，消毒前，须将脓血、坏死组织和污物清扫干净，以取得更好的消毒效果。

4.消毒剂　最好选择在杀灭病毒、细菌的同时又能杀死虫卵的消毒剂。

5.耐药性　一般情况下，应有3种以上的防腐消毒剂经常交叉使用，防止产生耐药性，以达到最佳消毒效果。

四、消毒方法

（一）圈舍消毒

1.预防性消毒　每次引进牛前进行消毒。可选用10%～20%石灰乳、10%漂白粉、2%烧碱、二氯异氰尿酸钠、碘伏（聚维酮碘）、百毒杀（癸甲溴铵）、过硫酸氢钾等。

2.紧急消毒和终末消毒　在发生疫情时和发生结束后消毒。

（二）地面消毒

1.普通病原污染的地面

（1）水泥地面。在清扫结束、冲洗干净后，可选用2%～4%烧碱、10%漂白粉或二氯异氰尿酸钠等来消毒。

（2）土质地面。先将土翻一下，深度为30厘米。在翻土的同时撒上漂白粉，用量为0.5千克/米^2；然后，用水湿润后压实。

2.被芽孢杆菌污染的地面　如炭疽杆菌、气肿疽杆菌等。若是水泥地面，则用10%烧碱或20%漂白粉喷洒；若是土质地面，应将表层土挖起30厘米左右，用干漂白粉混匀后运出深埋。

（三）放牧场地消毒

1.污染面积大　充分利用阳光直射的自净作用。例如，高温和直射阳光（紫外线）对口蹄疫病毒有杀灭作用，直射阳光0.5～4小时可杀死布鲁氏菌、10分钟即可使巴氏杆菌灭活。阳光直射几小时就可使牛传染性胸膜肺炎丝状支原体因失去毒力而死亡。

2.污染面积不大　用5%氨水消毒。

（四）粪便消毒

1.焚烧法　用明火焚烧。

2.生物热消毒法

（1）堆粪法。粪便堆积后表面拍实，上盖10厘米泥土，堆放20～60天，以达到消毒的目的。

（2）发酵池法。粪池的池底和边缘可以不砌砖和水泥涂抹。底层放一些干粪，再将要消毒的粪便、垃圾、垫草倒入池内。快满的时候，在粪的表面再盖一层泥土封好，经1～3个月即可出粪清池。此法适用于大的养殖场。

（3）掩埋法。漂白粉或生石灰按1∶5的比例与粪便混合，然后深埋在地下2米左右。此法适用于烈性疫病病原体污染的少量粪便处理。

（五）脚踏池消毒

内放2%烧碱溶液等。

（六）水槽清洗消毒

清洗，并用1∶（100～200）的84消毒液、3%～5%漂白粉、1∶8 000高锰酸钾液消毒。要做到经常清洗换水和定期消毒。

（七）消毒室消毒

牛场进门处要设立消毒室，消毒室采用紫外线灯消毒或采用喷雾消毒器消毒。大门车辆进出必须通过消毒池，内放2%火碱溶液或5%来苏儿。若设置喷淋式的车辆消毒装置则更佳。

附录6　肉牛驱虫

1.春、秋两季定期驱虫。

2.外购新进的牛，应入栏适应后再进行驱虫。

3.驱虫应在空腹时进行，最好7天后重复驱虫1次。

4.内驱虫、外杀虫一起进行。

5.在消毒的同时兼杀虫卵。

6.因驱虫药一般都含有毒性，易伤脾胃。因此，在第二次驱虫3天后，应喂健胃药。

7.粪便应于消毒后做无害化处理。

8.为避免耐药性，驱虫药也宜准备3种交叉使用。

附录7　兽医外科手术基本知识

一、术前准备

（一）消毒

1.手术区消毒

(1)5%碘酊涂擦术部消毒法：剪毛-剃毛-1%～2%来苏儿洗刷手术区-纱布擦干-涂以75%酒精脱脂-涂5%碘酊－75%酒精脱碘-手术。

(2) 新洁尔灭消毒法：剪毛-剃毛-温水洗刷-纱布擦干-用0.5%新洁尔灭涂擦2次-手术。

手术区消毒时，应从手术区中心开始向周围涂擦。但在感染创或肛门等处手术时，则应先从清洁的周围开始，再逐步涂擦到感染创或肛门处。

口腔、直肠、阴道黏膜等消毒时，用0.1%高锰酸钾、0.1%雷佛奴尔、0.1%新洁尔灭等刺激性小的消毒剂。

2.术者手臂的消毒　用肥皂水刷洗手臂，冲净后在0.1%新洁尔灭或75%酒精中浸泡3～5分钟，或用5%碘酊涂擦后，再用酒精脱碘。

（二）麻醉

1.全身麻醉

(1) 速眠新（846合剂）麻醉法。按0.6毫升/100千克体重计，肌内注射，5～10分钟即进入麻醉状态，可持续40～80分钟。若按4毫升/100千克体重计，除麻醉时间延长外，无明显不良反应。

(2) 静松灵（二甲苯胺噻唑）麻醉法。按0.6毫升/千克体重计，肌内注射，5分钟后牛可自行倒地进入麻醉状态，维持1～2小时。

2.局部麻醉　可分为浸润麻醉和传导麻醉两种。

(1) 浸润麻醉，又称扇形麻醉法，适用于开腹术等。在欲作切口的两侧各选一刺针点，刺入皮下，并推向切口的一端，边退针边注药，针退至刺入点后再改变角度刺向切口边缘，退针注药，直到切口另一端。以同法麻醉切口另一侧。每侧进针数依切口长度而定。

(2) 传导麻醉（腰旁麻醉）。第一点在第一腰椎横突游离端前角下方，先垂直进针达腰椎横突游离端前角骨面，再将针头移向横突前缘向下刺入0.5～0.7厘米；第二点在第二腰椎横突游离端后角下方，第三点在第四腰椎横突游离端前角下方之外。每个点上注射3%普鲁卡因10毫升，在注射药液15分钟后发生麻醉作用，麻醉效果可维持1～2小时。此麻醉方法常用于腹腔手术，并可使牛呈站立姿势。

麻醉注意事项：在全身麻醉（静松灵、速眠新等）时，要绝食24～36小时，并停止饮水12小时，以防麻醉后发生瘤胃胀气，甚至误咽和窒息。若麻醉过程中出现呼吸、循环系统机能紊乱，如呼吸浅表、瞳孔散大等症状，可注射安钠咖、樟脑磺酸钠等中枢兴奋剂。

（三）失血急救

1. 药物止血

（1）局部止血。0.1%肾上腺素、3%三氧化铁、3%明矾、3%醋酸铅有促进血液凝固和使局部血管收缩的作用，将纱布浸透上述某一药液后填塞创腔即可。

（2）全身止血。常用10%枸橼酸钠100毫升、10%氯化钙100～200毫升，静脉注射。也可用维生素K肌内注射等。而酚磺乙胺注射液能增加血小板数量，促进血小板释放凝血活性物质，缩短凝血时间，并降低毛细血管通透性，减少血液渗出，可用于内出血、鼻出血及手术出血的预防和止血，一次量为10～20毫升，肌内或静脉注射。预防外科手术出血，应在手术前5～30分钟用药。

2. 缝合线和缝合针　缝合线有羊肠线和蚕丝线之分。缝合针中的直针适用于肠壁和筋膜缝合。半弯针适用于皮肤缝合。全弯针适用于肌肉和腹膜缝合。三棱针适用于皮肤缝合。圆形针适用于筋膜、腹膜、肌肉的缝合。

二、剖腹产手术

1. 保定　采用右侧卧倒保定，在左侧腹壁切口实施手术。

2. 麻醉　用3%普鲁卡因腰旁神经干传导麻醉，在第一、第二、第四腰荐横突，按前、后、前位置，垂直进针达腰椎横突游离端前角或后角，并将针前移至横突端前缘或后缘下刺0.5～1厘米，注射药液10毫升后提至皮下再注射10毫升，且分别注射。术部表面用0.5%盐酸普鲁卡因作菱形浸润麻醉，也可按0.6～2毫克/千克体重计肌内注射静松灵。

3. 切口位置　选在左肷窝腹壁的上1/3部髂结节下角10厘米的下方起始部位作反斜杠"/"式，长约35厘米的切口，至左乳房静脉前约8厘米处。此切口最靠近子宫角。

4. 消毒　剪毛、剃毛后，用1%～2%来苏儿洗刷手术区。用纱布擦干后，涂75%酒精脱脂，涂5%碘酊消毒，再涂75%酒精脱碘。

术者手臂要消毒，或戴上消毒后的一次性长手套。手术器械要严格消毒后备用。术部铺盖消毒创巾。

5. 手术　切开皮肤和肌层要连续、到位，使创缘整齐。腹膜用手术剪剪开。打开腹腔后，前推瘤胃，抬起子宫，暴露子宫孕角。隔着子宫壁握住胎儿的腿、头等突出部位，将子宫大弯拉出于腹壁切口处，拉住子宫。子宫切口选在子宫大弯无血管处，防止内容物从切口流入腹腔。

在子宫切开之前，垫上大块灭菌纱布，沿子宫角大弯，远离子宫颈端，避开子宫阜，做一个与腹壁切口等长的切口。

先剖离一部分子宫切口附近胎膜，拉出于切口之外；然后切开，抓住胎儿双腿，由助手抬出胎儿。

术者固定子宫切口，引流子宫内容物至腹腔外。同时，快速分离胎衣，吸出或排除羊水，往子宫内放入抗生素，以控制继发感染。

6. 缝合　由于子宫收缩极快，因此要快速缝合子宫。第一层对切口全层紧密缝合，第二层进行浆膜、肌层连续内翻缝合。缝合一定要确实，防止子宫内容物流入腹腔引发感染。

用大量30℃的0.9%庆大霉素生理盐水（或其他抗生素生理盐水）对子宫术部进行冲洗。洗净后将子宫复位，对腹壁做无菌化处理。然后，依次对腹壁各层进行常规缝合。

7. 术后　术后7天子宫分泌物如有异样，则用抗生素溶液冲洗子宫。术后可给母牛补液，一般经7～10天可拆除缝合线。

三、瘤胃切开术

瘤胃积食，中兽医称其为"宿草不转"。

当瘤胃高度充满难以消化的饲料或过食豆谷综合征及重度泡沫性臌气，并经药物治疗确难奏效时；

当误食含大量有毒农药的饲料，确需立即早期急救时；当创伤性网胃-心包炎或创伤性网胃-腹膜炎，需用瘤胃切开术取出异物时；当瓣胃阻塞时等，上述情况均需立即施行瘤胃切开术。

在左肷窝最后一根肋骨和髂骨结节连线的中点，距腰椎横突的末端5～10厘米处，向下做15～25厘米的皮肤切口。依次切开腹外斜肌、腹内斜肌、腹直肌、腹横肌，剪开腹膜，打开腹腔。

对于患创伤性网胃-心包炎的病牛，应首先检查横膈膜和网胃间有无粘连。如有铁钉、铁丝等异物，应先予取出。

用手把一部分瘤胃拉出于腹部切口处，用"六针固定法"固定瘤胃。即上、下各1针，左、右各2针，以纽扣状缝合法把瘤胃壁固定在腹内、腹外斜肌上。缝合胃壁时，缝线只允许穿过浆膜、肌层、黏膜下层，不能穿过黏膜层。站立保定时，切口下部一针要缝合在切口皮肤上。切口上部的一针则固定于腹内、腹外斜肌上。如果牛是侧卧保定，则上部的瘤胃固定同下部一样，缝合在切口皮肤上。同时在打结前，应先在瘤胃与腹壁之间填入一块消毒过的纱布。纱布一端塞入腹腔，另一端置于切口处，以防在瘤胃切开和掏取胃内容物时污染腹腔。

切开瘤胃时，在瘤胃切开线上1/3处，用手术刀刺破一个小切口，并用舌钳夹住胃壁，在助手的帮助下，把切口向上、向外提起，以防止内容物外溢；然后，用剪刀先向上、后向下扩大切口。切开的胃壁创缘分别用舌钳固定后提起，使切口外翻，并用毛巾钳把舌钳柄夹住后固定在皮肤上，以利于瘤胃内容物直接流出。这是防止瘤胃内容物污染切口和腹腔、减少术后继发感染的重要环节。

洞巾是在一块布上挖一直径15厘米的孔洞，孔洞周围包以一个硬质胶管的弹性环。在应用时，把此圆环压成椭圆形，放置在瘤胃切口内。放置后，圆环张开，使洞巾固定在胃孔上。然后展平洞巾，掏取内容物，减轻胃壁切口的刺激及内容物的污染。

术者戴上消毒过的长臂手套掏取胃内容物。若是瘤胃积食，则将胃内容物掏出1/2即可。对泡沫性臌气，在取出部分内容物后，先用温水灌入瘤胃，再用虹吸法吸出，以清除泡沫。为了防止发酵，须投入制酵剂或抗生素。对创伤性网胃炎，在取出胃内容物后，要探查网胃查找有无铁钉等异物，直至确认网胃无异物为止。而瓣胃阻塞时，应先清理瓣孔的胃内异物，再用胃导管灌入温盐水10～15升，直至让胃内容物充分湿润、软化，继而用手隔着瘤胃壁按压瓣胃，以利于瓣胃功能恢复。

处理结束后除去洞巾，用温的生理盐水冲净附在胃壁上的内容物和污血块，去除舌钳及纱布。

瘤胃壁进行自下而上的第一道全层缝合，缝合要紧密、不漏气、不漏水。然后，瘤胃壁进行自下而上的第二道内翻缝合，浆膜肌层连续内翻缝合。缝合宜浆膜面密贴、吻合，把第一道缝合包埋在内。拆除胃壁上的6针固定用缝线。腹腔内撒布抗生素等。

连续缝合腹膜。结节缝合腹横肌、直腹肌、腹内斜肌、腹外斜肌。结节缝合皮肤切口，并系上绷带。

术后须补液消炎，连用5～7天，10～15天拆除缝线。

参考文献 REFERENCES

蔡宝祥, 2004. 家畜传染病学 [M]. 北京: 中国农业出版社.

陈太金, 狄兆全, 2023. 牛瘤胃积食兼臌气的诊疗 [J]. 中国畜牧业 (6): 111-112.

陈溥言, 2015. 兽医传染病学 [M]. 6 版. 北京: 中国农业出版社.

陈振旅, 1980. 实用家畜产科学 [M]. 上海: 上海科学技术出版社.

狄兆全, 2019. 牛羊病临床诊疗 [M]. 贵阳: 贵州科技出版社.

胡永灵, 胡辉, 2011. 动物普通病 [M]. 北京: 中国轻工业出版社.

胡元亮, 2013. 兽医处方手册 [M]. 4 版. 北京: 中国农业出版社.

李克斌, 1997. 牛羊寄生虫病综合防治技术 [M]. 北京: 中国农业出版社.

刘山辉, 李丽平, 2011. 兽医基础 [M]. 北京: 中国轻工业出版社.

陆承平, 2007. 兽医微生物学 [M]. 北京: 中国农业出版社.

朴范泽, 2008. 牛的常见病诊断图谱及用药指南 [M]. 北京: 中国农业出版社.

王小龙, 2004. 兽医内科学 [M]. 北京: 中国农业大学出版社.

西北农业大学, 1988. 家畜内科学 [M]. 2 版. 北京: 中国农业出版社.

徐科礼, 狄兆全, 2023. 11 例牛结节性皮肤病的综合治疗措施 [J]. 现代畜牧科技 (3): 104-106.

张启政, 狄兆全, 2021. 大戟散合丁香散加减治疗牛瘤胃积食 [J]. 吉林畜牧兽医 (2): 62.

赵福军, 2001. 牛羊病防治 M. 北京: 中国农业出版社.

钟静宁, 2010. 动物传染病 M. 北京: 中国农业出版社.

图书在版编目（CIP）数据

牛病临床诊疗/狄兆全主编. —北京：中国农业
出版社，2024.1
　　ISBN　978-7-109-31699-7

　　Ⅰ.①牛…　Ⅱ.①狄…　Ⅲ.①牛病-诊疗　Ⅳ.
①S858.23

中国国家版本馆CIP数据核字（2024）第012487号

中国农业出版社出版
地址：北京市朝阳区麦子店街18号楼
邮编：100125
责任编辑：刘　伟　冀　刚
版式设计：王　怡　　责任校对：张雯婷　　责任印制：王　宏
印刷：北京缤索印刷有限公司
版次：2024年1月第1版
印次：2024年1月北京第1次印刷
发行：新华书店北京发行所
开本：889mm×1194mm　1/16
印张：11.25
字数：318千字
定价：128.00元